# 第一次學 SEO 就上手

也很適合溫故知新

鈴木將司 著・何蟬秀 譯

# 前言

無論是日本或世界上的其他地方，每天都有數不盡的部落格文章上傳。

在這樣的環境下，想要讓更多讀者瀏覽自己的部落格，就必須讓他們透過「搜尋引擎」找到部落格的文章。

不過，只是讓文章出現在搜尋結果頁面是不夠的，一定要讓自己的部落格文章排在其他文章前面。

因為我們幾乎可以肯定，如果不是搜尋引擎中前幾名的搜尋結果，就會被淹沒在數不盡的部落格文章之中。

而這裡的搜尋引擎指的正是「Google」。

根據網路流量分析服務 StatCounter 的統計結果，2020 年 5 月日本國內搜尋引擎的市佔率（電腦版）為 Google 75.5%、Yahoo!JAPAN 15.3%、Bing 8.4%[1]。

由於 Yahoo!JAPAN 的搜尋引擎也使用了 Google 的搜尋引擎，因此 Google 搜尋在日本的市佔率實際上高達 90.8%，Google 幾乎就是搜尋引擎的代名詞。

即使寫的部落格文章再有幫助、再好都還不夠，我們必須了解 Google 搜尋引擎如何看待與評價部落格的文章，洞悉其中的機制，以及提升搜尋排名的方法。

提升搜尋排名的技術與知識，就稱為「**SEO**（Search Engine Optimization：**搜尋引擎優化**）」。

---

1 https://gs.statcounter.com/search-engine-market-share/desktop/japan#monthly-201905-202005-bar

想要讓更多讀者瀏覽自己的部落格文章，會需要同時了解**寫出優質部落格文章的「寫作技巧」**，以及**提升 Google 搜尋排名的「SEO 技術」**。

而本書正是**傳遞這兩項知識的教科書**。

本書在一開始會先帶領讀者學習搜尋引擎對部落格文章的評分機制，之後再學習怎麼寫文章才能提昇 Google 與 Google 搜尋用戶對文章的評價。

無論是接下來打算開始經營部落格的初學者，或是完全沒有 SEO 相關知識的 SEO 初學者，都可以在本書的引導下從零開始學習。

不管是曾經寫過部落格文章卻達不到預期成效，或是企業為了尋找潛在客戶嘗試經營部落格，卻沒有獲得相應的商業效益，都可以從本書找到原因與解決方法。

期待在本書的幫助下，各位的部落格文章能觸及更多讀者，成為對客戶具有吸引力的高人氣部落格。

一般社團法人全日本 SEO 協會　代表理事
鈴木將司

# 目錄

## 第 1 課 Google 的部落格文章評分機制

## 第2課 部落格的網站結構與網頁版型

## 第3課 具有 SEO 優勢的文章主題

## 第5課 文章的宣傳方法

## 第6課 成效的評估與改善方法

# 第1課

# Google的部落格文章評分機制

在這個章節中，我們將學習最新的SEO理論，有些以往有效的方法如今已經不再適用。

# 01 不是「寫」部落格就會有人看

## 1 每年新增的部落格文章有 20 億篇以上

**部落格**是任何人都能輕易使用的媒體，因此**世界上有著數不盡的部落格**。

由於部落格的成長速度迅速，並無法取得正確的數量統計資料，不過在 Google 搜尋「How many blogs exist in the world？（世界上有多少部落格？）」後，可以查到**在超過十七億個網站中，就有六億個是部落格**（2019 年 1 月 2 日的查詢資料）。另外，也有報告指出**全球每年上傳到部落格的文章高達二十億篇以上**[1]。

要讓讀者從這麼多部落格當中看到自己的文章，機率確實非常低。

● 淹沒在大量的部落格文章之中

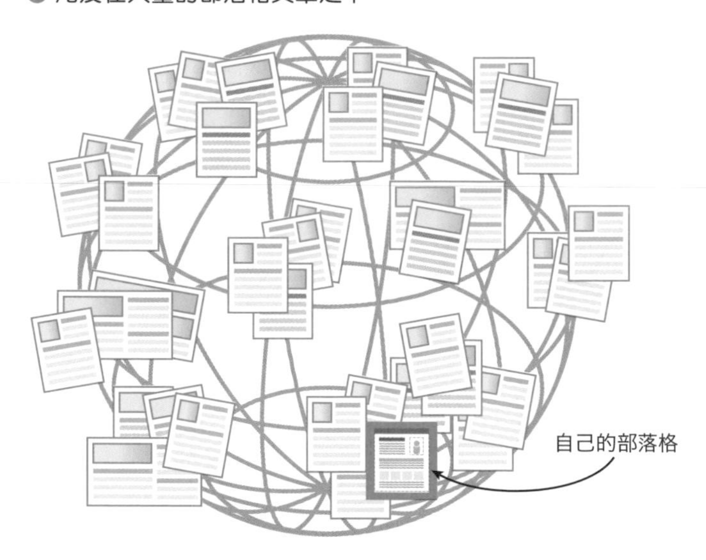


1 Internet Live Stats 2018 年調查資料 https://growthbadger.com/blog-stats/#:~:text=There%20are%20over%20600%20million,of%20over%201.7%20billion%20websites

實際上筆者也有相同的經驗，我在 2015 年 2 月開始寫部落格的時候，每月的訪客人數為 288，一天約十個人，其中有一個人還是自己，簡直慘不忍睹。

● 筆者剛開始經營部落格時的流量分析資料

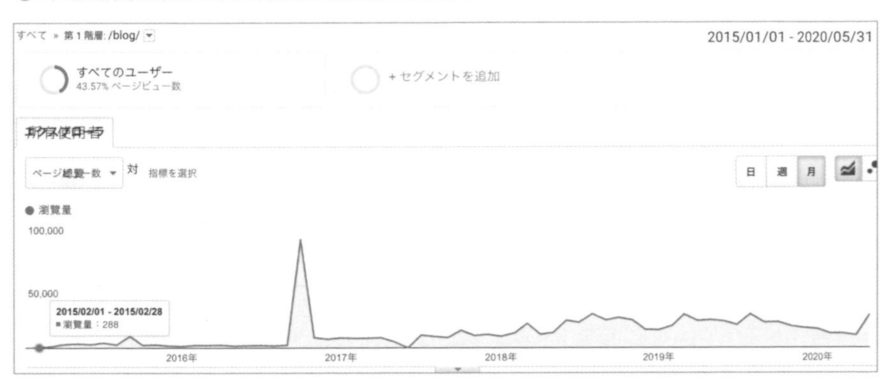


後來，我實踐本書所介紹的 SEO 技術，成功將每月訪客人數提升至 26,439 人，每天約達到 881 人，增加了將近九十倍。

● 筆者目前的部落格流量分析資料

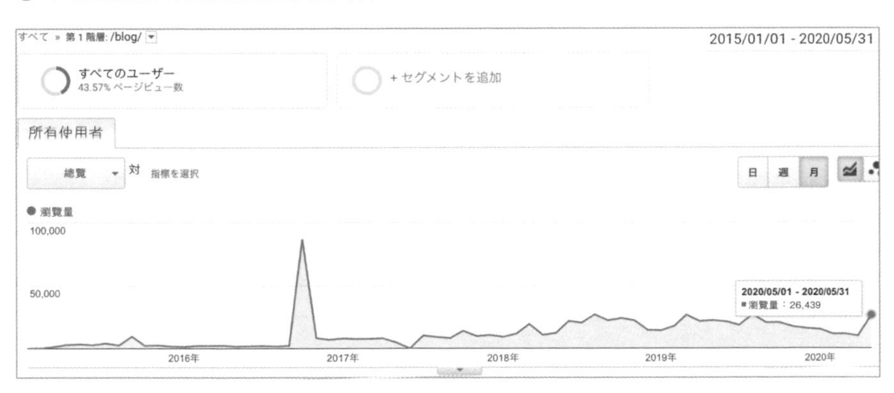


每個人剛開始經營部落格的時候，應該都會因為訪客人數極低而備感衝擊，而這些人未來會走上兩條不同的道路。

① 流量還真少，花時間也沒什麼意義，我不要經營了。

② 要怎麼樣才能增加流量呢？我想要知道方法並進一步改善。

現在讀著這本書的你，應該都選擇了選項 ② 吧？「怎麼樣才能增加流量呢？」，這個問題的答案是……

「**在最大的搜尋引擎，也就是 Google 上提升搜尋排名！**」

現代人幾乎一有想知道的事，就會馬上在手機或電腦上打開 **Google**[2] 或是 **Yahoo!** 搜尋，希望能立即得到答案（以日本來說，Yahoo!Japan 也是使用 Google 的搜尋引擎[3]）。

這時候搜尋結果的頁面會顯示無數的網站與部落格文章，想像一下，如果你的部落格文章都出現在搜尋結果的前幾名呢？

想要實現這個目標，第一步就是了解 **Google 搜尋排名的決定機制**。

## 重點整理

- 每年有 20 億篇以上的部落格文章上傳至網路，自己的文章會被埋沒是很合理的。
- 讀者是經由搜尋引擎進入網站。
- 了解搜尋引擎的機制，是提昇 Google 搜尋排名的第一步。

2 https://www.google.com./

3 編注：台灣的 yahoo 使用的是微軟的 Bing 引擎。

# 02 搜尋排名的決定機制

## 1 Google 並未公開搜尋排名的決定方法

Google 並沒有詳細公布 Google 搜尋排名是如何決定順序的。

Google 只有將部分的內容寫為「準則」，並公告他們的方針是使用者可以在符合規定的前提下實施**搜尋引擎優化**（**SEO**）。

● 搜尋引擎優化（SEO）入門指南
（https://support.google.com/webmasters/answer/7451184）

不過，這份文件充其量只能算是遊戲設計者說明基本遊戲規則的「說明書」，並沒有提及要如何才能「贏過其他玩家」。

## 2 搜尋排名的決定因素只能「推測」

於是，世界上的 SEO 專家透過自行實驗與各種資訊管道，發布**搜尋排名因素**的相關資料，這些資料對於搜尋排名的決定機制進行了一番推測。

而其中一份資料是 2019 年由美國的 SEO 公司—— SparkToro 所發表的。

● 由 SparkToro 公司發布的 2019 年版搜尋排名因素

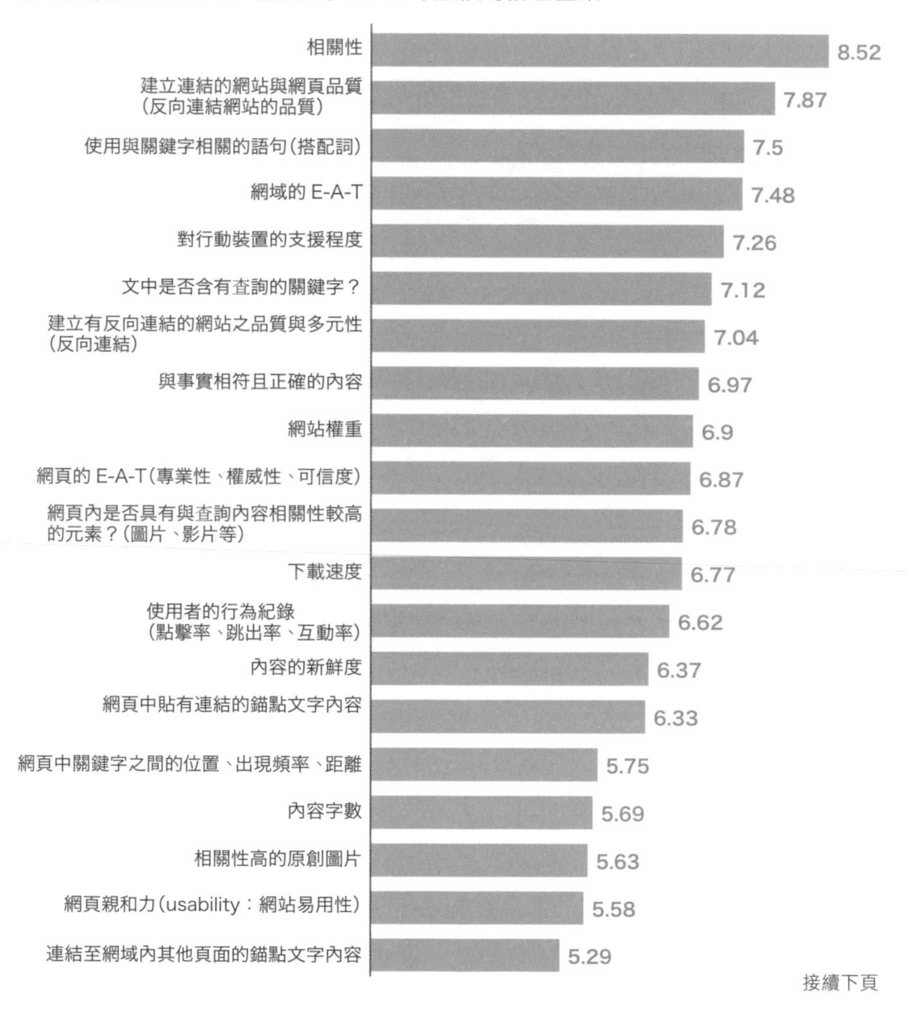


接續下頁

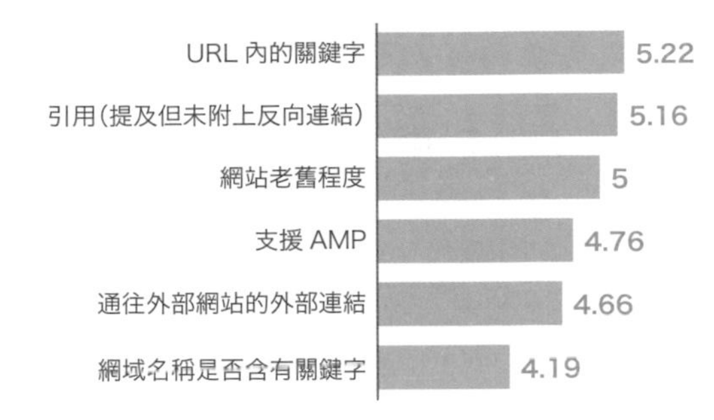


## 3 六個決定搜尋排名的因素

由筆者負責營運的一般社團法人全日本 SEO 協會也對搜尋排名因素展開研究，並歸納出以下六個因素，符合這些條件，部落格文章在 Google 上的搜尋排名將更容易提升。

1. 與搜尋關鍵字的相關性高嗎？（相關性）
2. 造訪次數多嗎？（流量）
3. 使用者的愛好程度？（訪客互動）
4. 是否很常受到其他網站、部落格的介紹？（反向連結）
5. 搜尋引擎是否容易對於網頁給予較高的評分？（網站內部 SEO）
6. E-A-T（專業性、權威性、可信度）高不高？（信用）

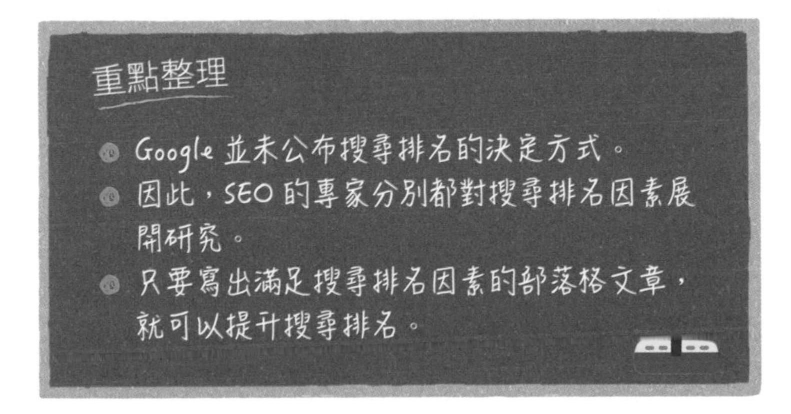

# 03 與搜尋關鍵字的相關性高嗎？（相關性）

## 1 相關性高的網頁排名較高

與搜尋關鍵字相關性較高的網頁，搜尋排名就會比較高，這就是**搜尋引擎最重要的判斷基準**。

使用者會將「**搜尋關鍵字**」輸入到 Google 搜尋的關鍵字輸入欄位，查詢自己想知道的事。

舉例來說，想要在購物網站購買印章時，就要以「印章　網購」的關鍵字來搜尋，這時候使用者想要瀏覽的網頁，就是「銷售印章的購物網站頁面」。

然而，要是這時候排名較前面的搜尋結果都是「印章的歷史」、「印章的選擇方式」，或者是說明「如何申請印鑑證明」的網頁，使用者會怎麼想呢？又或者，雖然購物網站的網頁中有販售印章，但是除了印章之外，頁面上也列出了原子筆、影印紙等眾多商品呢？

**使用者很可能會因為結果不如預期而感到失望**，因為使用者想要瀏覽的其實是銷售印章的購物網站。

換個角度思考，其實使用者想看的是與搜尋關鍵字高度相關的網頁。

為了滿足使用者龐大的需求，**Google 會將與搜尋關鍵字高度相關的網頁排名提升**。

● 在 Google 搜尋「印章　網購」時顯示的前十個網站範例
（2020 年 8 月 31 日以日文關鍵字「印鑑　通販」搜尋的結果）

| | |
|---|---|
| 1 | 印章銷售網站 No.1【ハンコヤドットコム®】官方｜每年 40 萬印章銷售量<br>https://www.hankoya.com/ |
| 2 | 專業印章製作銷售網 -Hanko Premium 公司官方網站<br>https://www.inkans.com/ |
| 3 | 印章銷售網站　印章製作就找 Takumi.com【最快當日取件】<br>https://www.inkan-takumi.com/ |
| 4 | 【樂天市場】印章銷售網站<br>https://search.rakuten.co.jp/search/mall/%E5%8D%B0%E9%91%91/ |
| 5 | 印章銷售　Hankoya.com 樂天店<br>https://www.rakuten.ne.jp/gold/hankoya/ |
| 6 | 印章販賣商店 e-hankoya.com®【官方網站】<br>https://www.e-hankoya.com/ |
| 7 | 印章銷售網【唯一 20 年保固　免運費】印章市場<br>https://www.inkan-ichiba.com/ |
| 8 | 印章銷售網｜ Bellemaison<br>https://www.bellemaison.jp/ep/s/?BELN_SHOP_KBN=100&C=100205 |
| 9 | AMAZON.CO.JP：私人印章<br>https://www.amazon.co.jp/%E5%80%8B%E4%BA%BA%E7%94%A8%E5%8D%B0%E9%91%91/b?ie=UTF8&node=3225693051 |
| 10 | 印章銷售網站大評比【比較約 30 個網站】｜印章推薦資訊與人氣排行<br>https://xn--wlr53q.net/ranking.html |

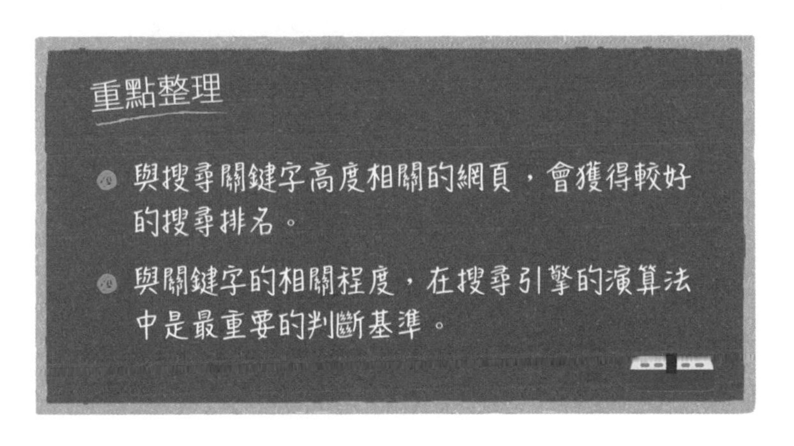

# 04 造訪次數多嗎？（流量）

## 1 造訪次數多的網站排名較高

Google 也很重視網站「**是否為造訪次數多的高人氣網站**」。

站在使用者的立場，網站造訪次數多的網頁比造訪次數少的網頁更令人能夠放心瀏覽，因為造訪次數多，正代表著網站的可信度較高。

那麼 Google 又是怎麼掌握網站的造訪次數呢？ Google 是擁有高階技術能力的大型企業，但即便如此，也無法掌握世界上所有網站的造訪次數。本書的第六課將會介紹「Google Analytics」這項免費的網站分析工具，雖然市佔率高達 40%，但還是無法掌握所有網站的造訪次數。

● Google Analytics 的市佔率

TOP TECHNOLOGIES

▶ 1. **Google Analytics**
2. **Google Universal Analytics**
3. **Google Global Site Tag**
4. **Facebook Analytics**
5. **Snowplow**
6. **Google Analytics Event Tracking**

See the other 256 technologies

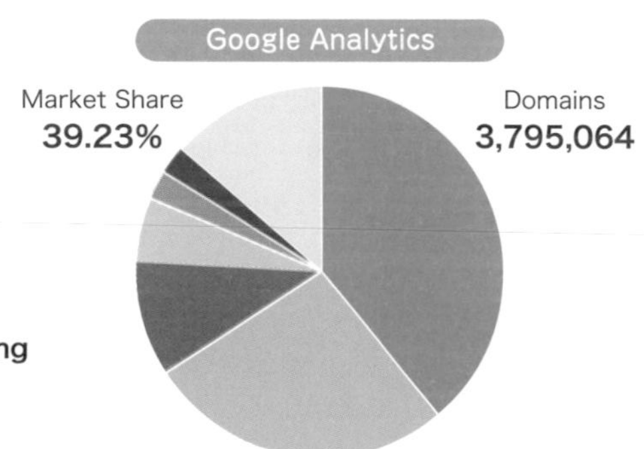

## 2 Google 會檢視搜尋結果頁面上搜尋結果的點擊率

一般認為 Google 計算造訪次數的方法是來自「搜尋結果頁面上的連結點擊資料」。

從 Google 取得的專利資料看來，Google 可能是記錄搜尋結果頁面上顯示的連結被點擊幾次，每筆資料的點擊率分別為多少，並參考這份資料決定搜尋排名。

● 根據搜尋結果點擊數決定搜尋排名的 Google 專利資料範例

US009092510B1

(12) **United States Patent**
**Stets, Jr. et al.**

(10) **Patent No.: US 9,092,510 B1**
(45) **Date of Patent: Jul. 28, 2015**

(54) **MODIFYING SEARCH RESULT RANKING BASED ON A TEMPORAL ELEMENT OF USER FEEDBACK**

(75) Inventors: **Robert J. Stets, Jr.**, Palo Alto, CA (US); **Mark Andrew Paskin**, Belmont, CA (US)

(73) Assignee: **Google Inc.**, Mountain View, CA (US)

( * ) Notice: Subject to any disclaimer, the term of this patent is extended or adjusted under 35 U.S.C. 154(b) by 95 days.

(21) Appl. No.: **11/742,447**

(22) Filed: **Apr. 30, 2007**

(51) **Int. Cl.**
***G06F 17/30*** (2006.01)
***G06F 7/00*** (2006.01)

(52) **U.S. Cl.**
CPC .... ***G06F 17/30648*** (2013.01); *G06F 17/30064*

6,076,051 A 6/2000 Messerly et al.
6,078,916 A 6/2000 Culliss
6,078,917 A 6/2000 Paulsen et al.
6,088,692 A 7/2000 Driscoll
6,134,532 A 10/2000 Lazarus et al.
(Continued)

FOREIGN PATENT DOCUMENTS

WO WO 00/77689 12/2000
WO WO 01/16807 3/2001
(Continued)

OTHER PUBLICATIONS

Agichtein, et al; *Improving Web Search Ranking by Incorporating User Behavior Information*; Aug. 2006; Proceedings of the Twenty-Ninth Annual International ACM SIGIR Conference on Research and Development in Information Retrieval, p. 19-26.
(Continued)

*Primary Examiner* — Pavan Mamillapalli
(74) *Attorney, Agent, or Firm* — Fish & Richardson P.C.

※Patent US9092510B1

根據使用者回饋的暫時性要素變更搜尋結果排名

公開日期：2015 年 7 月 28 日

發明者：Robert J Stets

申請人：Google Inc.

透過這項技術，就可以知道使用者選擇了搜尋結果中的哪個網站，再將使用者經常選擇的網站排名提升，不常選擇的網站則往後顯示，藉此提升使用者的滿意度。

## 3 不當的連結並不會列入計算

為了提升透過此項技術得到的資訊正確性，Google 也導入排除不當連結的機制，例如同一位使用者在一定時間內多次點擊連結並不會列入計算，使用程式自動點擊，以及具組織性的不當連結也會被排除。

然而，仔細思考後會發現這個機制其實並不公平，因為新成立的網站、部落格的造訪次數幾近於零，無論過了多久都無法提升搜尋排名，因此，成立較久的網站與部落格總是會顯示在前面，而新的網站與部落格則無論過多久都無法提升排名，造成持續兩極化發展的不公平現象。

## 4 除了以網頁為單位，也會調查整個網站的造訪次數

為了避免這種不公平的情況，Google 在計算造訪次數時除了以網頁為單位之外，也會以整個網站為單位來計算。假設有部落格 A 與部落格 B，造訪次數分別如下。

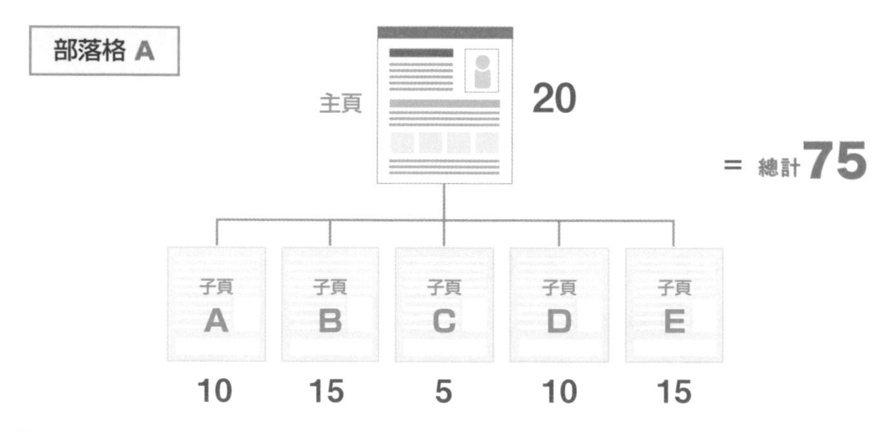

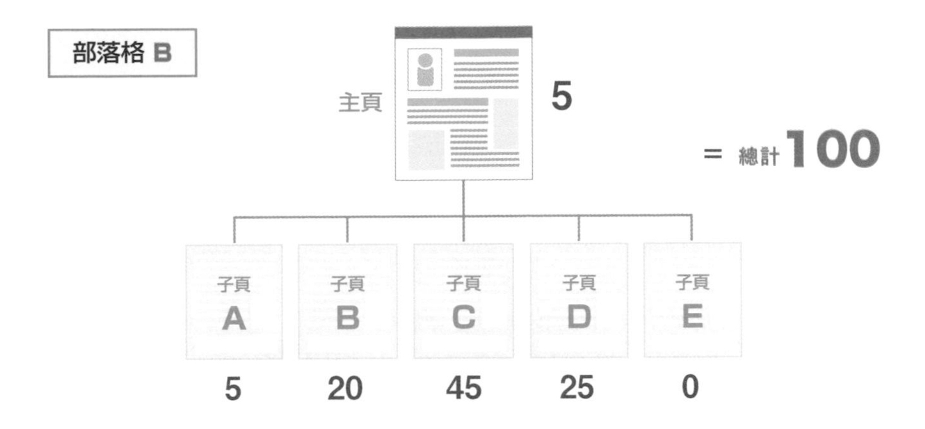


決定主頁的排名時，如果只是單純比較主頁的造訪次數，部落格 A 與 B 會是 20 比 5，因此部落格 A 會有較好的排名。但是把部落格中所有頁面的造訪次數加總，就會是 75 比 100，這時候部落格 B 的排名就會高於部落格 A。

**Google 並不是只比較單一頁面的造訪次數，同時也會比較網站整體的造訪次數，之後才判斷哪一個網站比較受歡迎，以此作為決定搜尋排名的參考依據**。

了解這個機制後，即使一篇部落格文章的造訪次數完全無法提升，搜尋排名一直都很低，也不必感到絕望，**只要在網站中新增其他可以獲取更多造訪次數的網頁就可以了**。

以剛才的部落格 B 為例，即使子頁 A 的造訪次數只有 5，因此排名無法提前，不過子頁 C 的造訪次數有 45，子頁 D 也有 25。

其實筆者平時提供顧問服務的客戶網站也使用這個方式獲得不錯的成果。

舉個例子，筆者的一個客戶是提供電話代接服務的公司，這家公司在自己的官方網站上建立部落格，並且定期上傳新文章，持續一年後的成果如下。

- **搜尋「電話溝通　擅長」，排名第二**
- **搜尋「電話溝通　技巧」，排名第三**

● 搜尋「語音信箱問候語　範例」，排名第三

● 搜尋「工作　道歉　電話」，排名第三

（以上 是以日文關鍵字搜尋日文網頁的結果）

搜尋排名較前面，讓網站的造訪次數也順利提升，最後，在以「電話代接　東京」的關鍵字搜尋之下，網站主頁的搜尋排名提升到第四。

● Shibuya Office 官方網站中的部落格文章範例
（https://www.shibuya-office.co.jp/blog/2019/08/post-189.html）

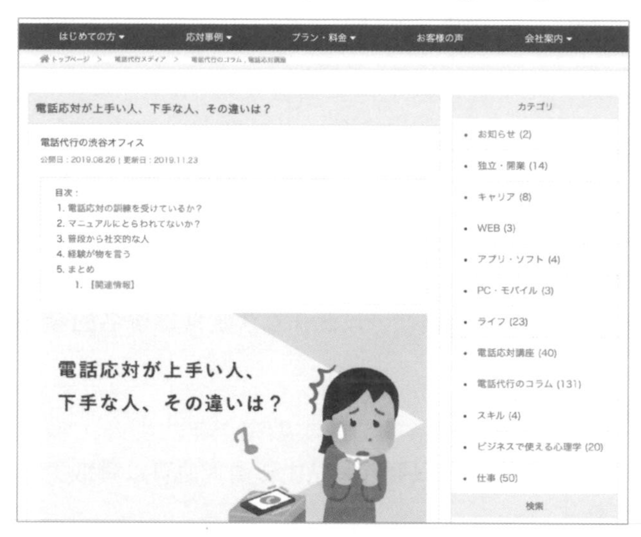


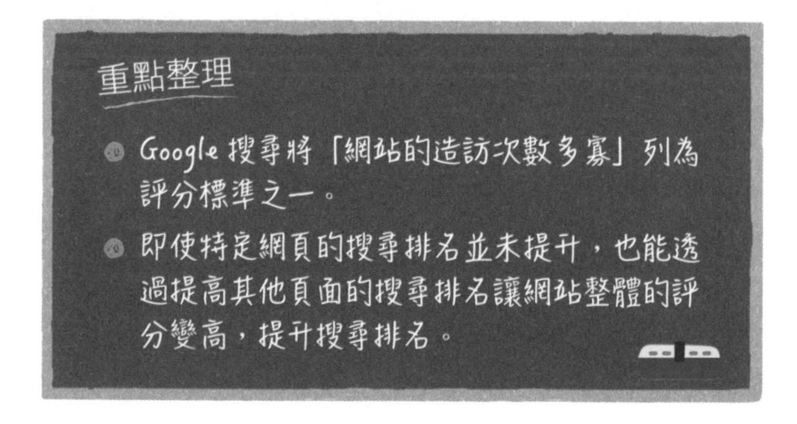

# 05 使用者的愛好程度？

## 1 「訪客互動」——使用者對網站與內容的喜好程度

Google 會掌握網頁的造訪次數，以及網頁所屬網站的整體造訪次數，並於決定搜尋排名時列入參考，除此之外，還有其他重要的評分標準。

其中一個是使用者從搜尋結果點擊造訪網站後是否對該網站感到滿意，也就是「喜好程度」。對於網站與內容的喜好程度，就稱為「**訪客互動**」。

● 根據使用者在搜尋結果頁面上的行為紀錄決定搜尋排名之 Google 專利資料範例

US010229166B1

(12) **United States Patent**
**Kim et al.**

(10) **Patent No.: US 10,229,166 B1**
(45) **Date of Patent: Mar. 12, 2019**

(54) **MODIFYING SEARCH RESULT RANKING BASED ON IMPLICIT USER FEEDBACK**

(71) Applicant: **Google LLC**, Mountain View, CA (US)

(72) Inventors: **Hyung-Jin Kim**, Sunnyvale, CA (US); **Simon Tong**, Mountain View, CA (US); **Noam M. Shazeer**, Palo Alto, CA (US); **Michelangelo Diligenti**, Zurich (CH)

(73) Assignee: **Google LLC**, Mountain View, CA (US)

(*) Notice: Subject to any disclaimer, the term of this patent is extended or adjusted under 35 U.S.C. 154(b) by 0 days.

(21) Appl. No.: **15/793,773**

(22) Filed: **Oct. 25, 2017**

**Related U.S. Application Data**

(56) **References Cited**

U.S. PATENT DOCUMENTS

| | | | |
|---|---|---|---|
| 5,265,065 | A | 11/1993 | Turtle |
| 5,488,725 | A | 1/1996 | Turtle |
| 5,696,962 | A | 12/1997 | Kupiec |
| 5,963,940 | A | 10/1999 | Liddy et al. |

(Continued)

FOREIGN PATENT DOCUMENTS

| | | |
|---|---|---|
| WO | 00/77689 | 12/2000 |
| WO | 01/16807 | 3/2001 |

(Continued)

OTHER PUBLICATIONS

U.S. Appl. No. 11/556,143, filed Nov. 2, 2006, Kim et al.

(Continued)

*Primary Examiner* — Kuen S Lu
(74) *Attorney, Agent, or Firm* — Fish & Richardson P.C.

(57) **ABSTRACT**

The present disclosure includes systems and techniques

※Patent US 10229166B1

**根據使用者的隱性回饋變更搜尋排名**

公開日期：2019 年 3 月 12 日

發明者：Robert J Stets

申請人：Google Inc.

Google 對於搜尋結果頁面中的網站連結是如何評估訪客互動的呢？雖然官方並未公開實際的做法，不過解讀 Google 發布的專利資訊後，某個程度上可以推測出來。

根據這份專利資訊，Google 會記錄使用者點擊搜尋結果頁面上各個網站的連結後，「**會在幾秒後跳出該頁面**（停留時間）」。

● **紀錄使用者在幾秒後（停留時間）會回到搜尋結果頁面**

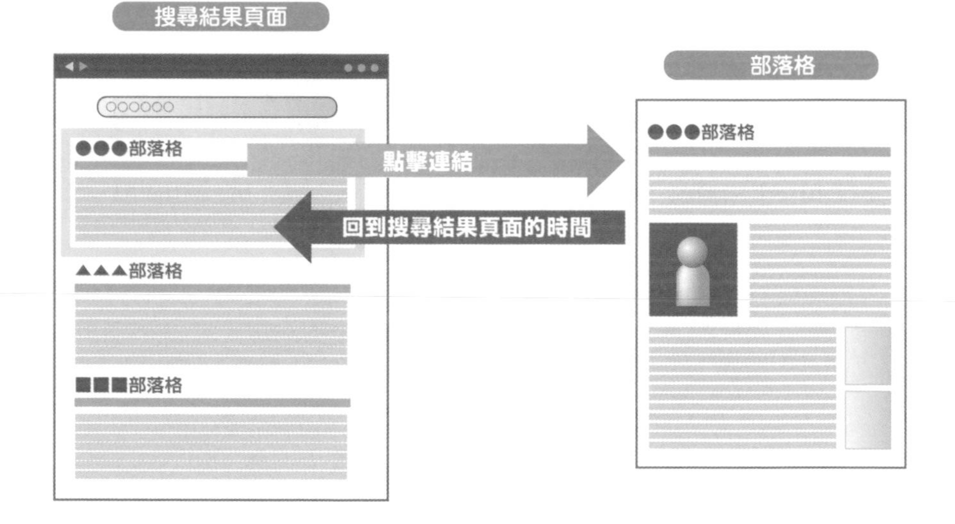


假設使用者點擊連結前往搜尋排名第一的網站，在三十秒後回到搜尋結果的頁面，接下來又點擊搜尋排名第二的網站連結，並在六十秒以後回到搜尋結果頁面，這種情況下 Google 的搜尋演算法（搜尋引擎決定排名的方法）就會判定搜尋排名第二的網站更受使用者喜愛，也就是使用者對該網站的喜好程度更高。

如果相同的情況重複發生，那麼 Google 就會認為將搜尋排名第二的網站排到搜尋排名第一的網站前面會更符合使用者的利益，因此會將搜尋排名交換。

透過這個機制，可以看出造訪次數較多的網站是否真正受到使用者的喜愛，讓顯示的搜尋排名更加合理。因此，寫部落格的時候一定要努力促進訪客互動。

## 2 促進訪客互動的具體方法

促進訪客互動的具體方法會在本書的第四課詳細介紹，主要有以下四種方法。

**① 所寫文章要與希望提高排名的目標關鍵字高度相關**

**② 減少與目標關鍵字相關性較低的內容**

**③ 除了文章以外，也要大量放上吸引讀者注意的圖片**

**④ 貼上與文章主題有關的影片**

接下來將依序解說。

### ① 所寫文章要與希望提高排名的目標關鍵字高度相關

這個方法指的是第 18 頁所提到的搜尋排名因素「**與搜尋關鍵字的相關性高嗎（相關性）**」。

使用者希望尋找的是與搜尋關鍵字高度相關的網頁，因此瀏覽網頁時，如果覺得內容相關性很高，就會讀到網頁的最後，反之，如果覺得相關性較低，就會按下瀏覽器的「回上一頁」按鈕，回到搜尋結果的頁面，繼續造訪其他的網站。

● 瀏覽器的「回上一頁」按鈕

點擊後就會回到上一頁，長按時會顯示搜尋紀錄。

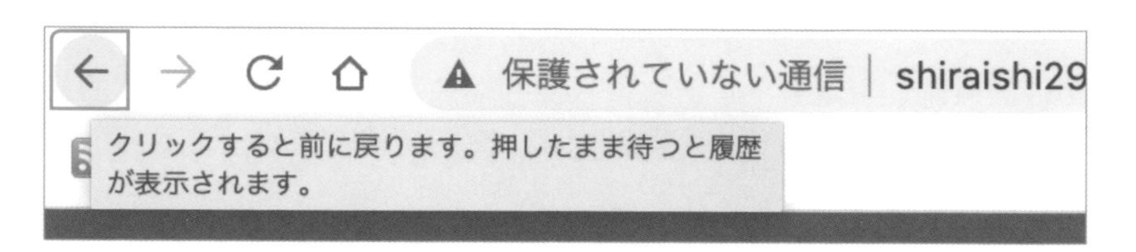


## ② 減少與目標關鍵字相關性較低的內容

**只是寫下與搜尋關鍵字高度相關的文章內容（Contents）還不足夠**，因為一篇文章如果除了相關性高的內容之外，還有許多低度相關的內容，Google 就會認定網頁整體與關鍵字的相關性偏低。

**「廣告」就是一種常見的低相關性內容**。廣告是從部落格經營獲取收益的必要元素，然而，若是網頁內的廣告欄位過多，影響了使用者的閱讀體驗，就會導致評分降低。放置廣告時，必須留意廣告的數量與位置不會干擾讀者閱讀文章。

● 廣告太多，Google 會認定文章與關鍵字的相關性偏低

不好的例子

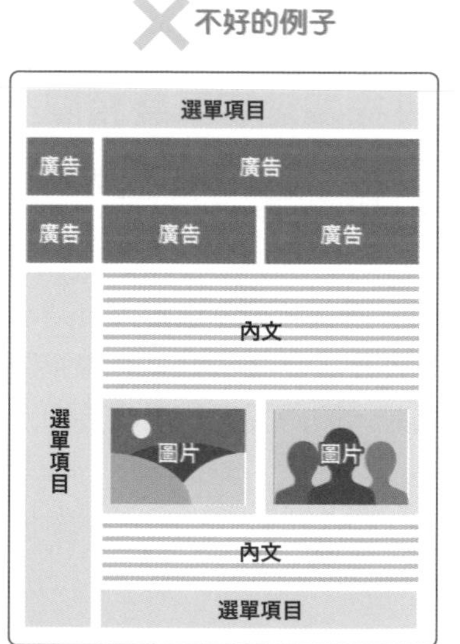

好的例子

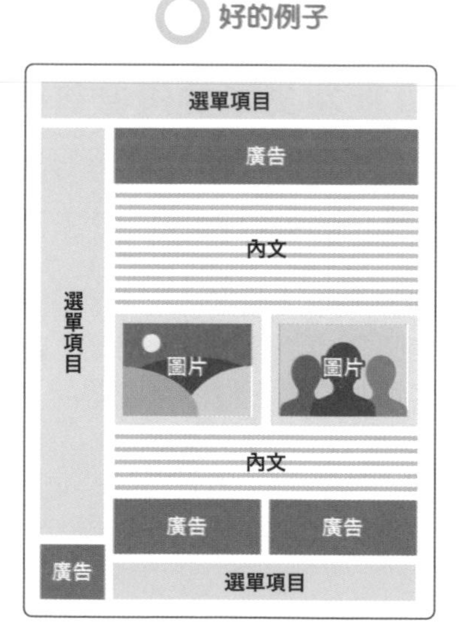

在 2017 年 7 月，Google 正式宣布「**廣告欄位過多，或是頁面配置干擾使用者瀏覽內容，Google 將會降低網站的評分**」，因此網頁內廣告的位置如果過於醒目就要予以刪除，或是移動到不影響閱讀的位置。

## ③ 除了文章以外，也要大量放上吸引讀者注意的圖片

一般來說，想到部落格文章的內容很容易會聯想到「文字（tcxt）」，不過，除了文字以外，「**圖片**」也算是文章的內容。

完全沒有圖片的部落格文章，看起來「全是文字，相當單調」，有些讀者可能還會認為「網頁看起來艱澀難懂」，這時就會產生讀者往前回到搜尋結果頁面的風險。

● 完全不含圖片的文章範例
（http://www.order-nobori.com/blog/home/archives/000022.html）

オーダーのぼりドットコム公式ブログ
のぼりの製作に携わるスタッフが、お役立ち情報を発信します。

Tweet

HOME > ハクロマーク（社内）のこと > 応援用の旗や幕

応援用の旗や幕
2015年07月04日

みなさん、こんにちは。
印刷担当の[illegible]です。

ハクロマークで働くようになって変わった事と言えば、
当たり前の事かもしれないですが、
街中にあるのぼりや旗や幕などに目が行くようになりました！！
その中でもハクロマークで作った製品を見かけると
ちょっと嬉しくなります♪

今回は自社製品の話ではないのですが、
少し前にプロ野球の観戦に行った時の話です。

その時に入り口で貰った手旗や
応援団の方が振っている大きな旗が気になって
後ろの方からじっくり見たりしていました。

応援団の旗は２枚継ぎで作られていたようですが、
実際に使っているのを見ると
継ぎ目はあんまり目立たないな～
と新たな発見もありました。
作っている時と実際に使用されている時とでは、
また違った見え方がしますね。

なのでお客様からのアンケート返信は、
本当にありがたく思います。
良い意見でも不満な意見でもとても勉強になります！

今回の旗はハクロマークの製品ではなかったですが、
スポーツの応援用の注文もよくいただいています。
マラソンののぼりや部活動の応援幕などなど・・・。

今回はのぼりの話ではありませんでしたが、
旗や幕なども作っていますので、
機会があればよろしくお願いします。

旗・幕ドットコムはこちら↓↓
http://www.hata-maku.com/

働くヒト ブログランキングへ

| ハクロマーク（社内）のこと | コメント |

オーダーのぼりドットコム　のトップページへ戻る

只要在網頁的最上方加上一張標頭圖片，看起來專業度就會提升，更能引發讀者興趣，提高讀者繼續往下閱讀文章的機率。

● 在部落格文章的網頁中加入標頭圖片，並於文章內新增多張圖片（http://www.order-nobori.com/blog/home/archives/000316.html）

オーダーのぼりドットコム公式ブログ

のぼりの製作に携わるスタッフが、お役立ち情報を発信します。

HOME > のぼり全般 > 昔ののぼり

昔ののぼり

2020年06月18日



みなさんこんにちは、
製造の常盤です。

突然ですが今回は
「のぼりの歴史」について書いていこうと思います。

なぜ今回この題材を選んだかというと、
僕はここ数カ月オーダーのぼりドットコムでブログを書いていることで
痛感したことがあります。

それは、のぼりに対する知識が足りていないということです。
まだまだ新米とはいえのぼりを印刷している者として
「これではいけない！」と思い
今回このように「のぼり」について調べてきた次第です。

それではさっそくですが、
みなさんは「のぼり」が最初どのように使われていたかご存知でしょうか？
なんとなくテレビで見たりしてなんとなく想像がついている方も
いるかと思います。

そうです！
「のぼり」は、平安時代以降の戦で『自陣』と『敵陣』を
区別するために使われました。
ちなみに、この頃はまだ今でいう「のぼり」
という形状というよりも旗のようなものだったそうです。

↑当時はこのような旗の形状で『流れ旗』と呼ばれていたそうです。

ちなみに国外も含めた世界最古のものは『ペキシルム』という旗だそうです。
http://www.order-nobori.com/merumaga017.html

その後、時代が流れ室町時代に入り、
『見やすさ』を考慮した現代のような
長辺と上辺にチチがついた「のぼり」の形状になりました。
これは、戦が激しくなり「普通の旗」だと視認性が悪くなり
『自陣』と『敵陣』の把握が難しくなったから、このようになったそうです。



↑よく見かけるタイプのチチがついたのぼり

調べていて驚いたことがありました。
どうやらこの時代には、さらに『耐久性』をもとめて、
竿部分と接している面を袋縫いする『縫含旗（ぬいふくめばた）』
なるものがあったそうです。
ふーんと思いながら読んでいたのですが、
よく考えるとこれは弊社の商品でいう『スタイリッシュのぼり』ではないか！？
と気が付き一人興奮してしまいました。
この時代からもうすでに『スタイリッシュなのぼり』を作っていたとは・・・



↑袋縫いしている『スタイリッシュのぼり』

## ④ 貼上與文章主題有關的影片

除了圖片以外，「**影片**」也具有促進訪客互動的效果，**試著製作與文章有關的影片，上傳到 YouTube 吧**！上傳之後記得把影片貼到文章裡。如果讀者觀看影片，就能延長他們回到 Google 搜尋結果頁面的時間，這代表網頁停留時間會增加，如此，Google 很有可能會提高文章的評分。

● 加入影片的部落格文章範例
（http://www.order-nobori.com/blog/home/archives/000307.html）

只要有 Google 帳戶，每個人都能免費上傳影片到 YouTube。上傳影片到 YouTube 後，點擊影片頁面下方的「分享」按鈕，就會出現「分享」的對話框，接著按下「嵌入」，就可以取得嵌入文章時使用的連結，把這個連結貼到部落格文章裡就可以了。

## ●嵌入 YouTube 影片的流程

將影片貼到文章的頁面內，可能會稍微降低網頁的顯示速度，不過使用者在頁面長時間停留將提升網站評分，可說是利大於弊，因此不必太過在意。

要提升訪客互動，就必須在很多方面下功夫，以延長使用者的停留時間。

## 重點整理

- 網頁評分標準包含「訪客互動（愛好程度）」。
- 廣告太多的網頁會被認定為關聯性較低的網頁。
- 必須多費心思，運用圖片與影片來提高讀者對網頁的愛好程度。

# 06 從其他網站指向自己網站的連結（反向連結）

## 1 Google 對「受到其他網站介紹的網站」評分較高

第四個搜尋排名決定因素是非常難以達成的評分標準。你的部落格是否受到許多網路上的其他網站與部落格介紹？「**是否有人在自己的網站貼上你的網頁連結？**（**反向連結**）」是會影響搜尋排名的。從其他網頁可以連結到特定網頁，這在 SEO 的領域中就稱為「反向連結」。

反向連結是相當難以達成的評分標準，並不是單純提升文章品質就能達成。要讓其他人介紹自己的部落格，除了良好的文章品質之外，也要具有足夠的價值，讓他人產生動機，想要「介紹這篇文章」。

從第三課以後會詳細解說什麼樣的文章主題具有 SEO 優勢，並介紹具體的文章寫法。

還有一點，Google 並不會將所有的反向連結列入評分，即使一味地請他人在網頁內貼上自己的部落格連結，也無法提升自己的網站排名。

## 2 只有優質的反向連結才會成為評分對象

Google 不斷改善搜尋演算法，只將品質較高的反向連結列為評分對象，而我們慢慢發現下述網站所建立的反向連結能有效提升搜尋排名。

## ①「權威性網站」中的反向連結

權威性網站分為以下兩種。

> ① 在特定領域中，受到該領域的團體所敬重之企業、團體，或個人網站。
>
> ② 政府機構、公共團體、學術機構、上市企業等對社會具有極大影響力的組織之網站。

從 Google 的專利資訊我們可以觀察到一個機制，Google 會事先指定「**種子站點**（Seed）」，也就是具權威性的網站，並依據網站與權威性網站間是否有所連結，以及連結與種子站點的距離程度，來評估網站的可信度。

● 關於調查反向連結的技術之 Google 專利資料

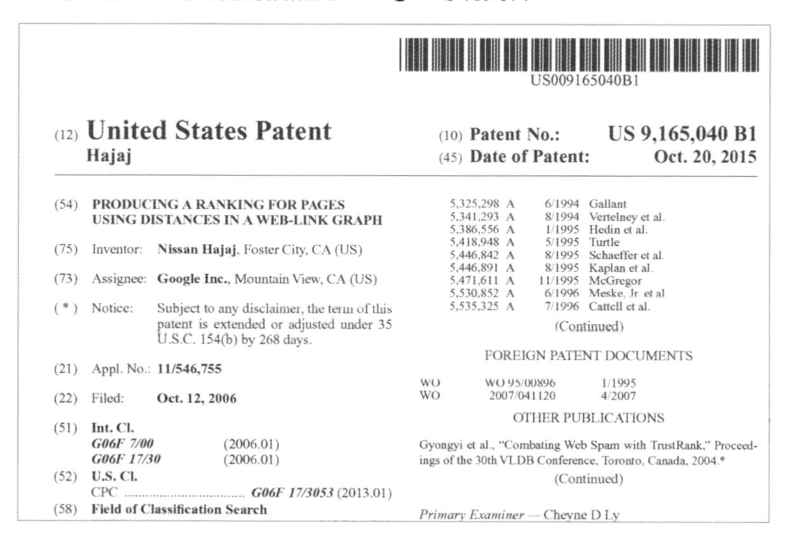

US009165040B1

(12) **United States Patent**
**Hajaj**

(10) **Patent No.:** **US 9,165,040 B1**
(45) **Date of Patent:** **Oct. 20, 2015**

(54) **PRODUCING A RANKING FOR PAGES USING DISTANCES IN A WEB-LINK GRAPH**

(75) Inventor: **Nissan Hajaj**, Foster City, CA (US)

(73) Assignee: **Google Inc.**, Mountain View, CA (US)

( * ) Notice: Subject to any disclaimer, the term of this patent is extended or adjusted under 35 U.S.C. 154(b) by 268 days.

(21) Appl. No.: **11/546,755**

(22) Filed: **Oct. 12, 2006**

(51) **Int. Cl.**
*G06F 7/00* (2006.01)
*G06F 17/30* (2006.01)

(52) **U.S. Cl.**
CPC ................................ *G06F 17/3053* (2013.01)

(58) **Field of Classification Search**

5,325,298 A 6/1994 Gallant
5,341,293 A 8/1994 Vertelney et al.
5,386,556 A 1/1995 Hedin et al.
5,418,948 A 5/1995 Turtle
5,446,842 A 8/1995 Schaeffer et al.
5,446,891 A 8/1995 Kaplan et al.
5,471,611 A 11/1995 McGregor
5,530,852 A 6/1996 Meske, Jr. et al
5,535,325 A 7/1996 Cattell et al.

(Continued)

FOREIGN PATENT DOCUMENTS

WO WO 95/00896 1/1995
WO 2007/041120 4/2007

OTHER PUBLICATIONS

Gyongyi et al., "Combating Web Spam with TrustRank," Proceedings of the 30th VLDB Conference, Toronto, Canada, 2004.*

(Continued)

*Primary Examiner* — Cheyne D Ly

※Patent US9165040B1
利用 Web-Link Graph 中的距離決定搜尋排名
公開日期：2015 年 10 月 20 日
發明者：Nissan I lajaj
申請人：Google Inc.

簡單呈現網站間的關係後如下所示。

- **評分較低的網站（種子站點與自己的網站距離較遠）**
  **種子站點（權威性網站）**→ 網站 A → 網站 B → 網站 C → 網站 D → 網站 E → 網站 F → **自己的網站**

- **評分較高的網站（種子站點與自己的網站距離較近）**
  **種子站點（權威性網站）**→ 網站 A → **自己的網站**

Google 試圖透過這個機制，將**用來操縱排名的反向連結**，以及**品質較差的網站所建立的反向連結**排除於評分對象之外。

操縱排名的反向連結指的是自行建立許多低品質的頁面（透過複製貼上），再於這些頁面貼上自己的網頁連結，藉此提升網頁排名。

## 3 在 PBN（用來操縱排名的部落格）建立連結並無法提升排名

Google 將自行從其他部落格建立反向連結通往自己部落格的操縱行為稱為「**PBN（私有部落格網路）**」，並努力將這些網站排除在評分對象之外，希望能讓真的對使用者有幫助的網站與部落格排名提升。

以往認為這類的反向連結是有效的 SEO 技術，而現在仍然有人認為這是有效的方法。

● PBN（Private Blog Network）示意圖

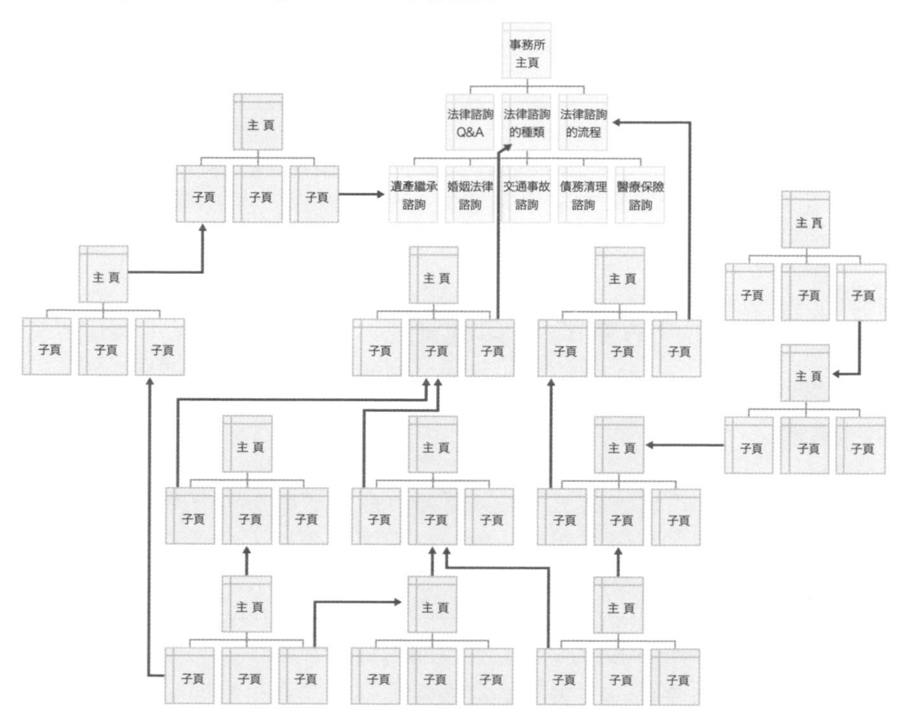


不過，這只代表「在品質不佳的部落格建立反向連結並不好」，如果是文章品質優良的部落格，或是造訪次數較高的人氣部落格所貼的反向連結就不會有問題，重點在於，**不能為了增加反向連結而建立新的部落格**，為了提升搜尋排名而建立 PBN 是絕對不能做的事。

這是因為，Google 並非只是無視 PBN 與其他惡質的不當連結，對於這些網站也會**予以懲罰，並降低搜尋排名**。其實有許多網站與部落格在受到懲罰後搜尋排名明顯下降，透過 Google 搜尋造訪網站的人數急遽減少，最後陷入最糟的情況。

如今的網路世界已經不像以前那般百無禁忌，所有的部落格經營者、網站經營者在經營時都必須懂得拿捏分寸。

### ② 人氣網站中的反向連結

除了權威性網站的反向連結外，Google 對於人氣網站所建立的反向連結也會給予較高的評分。

如果網站的可信度很低，是沒辦法讓知名度超高的網站建立反向連結的，Google 的認定是「知名網站建立有反向連結」＝「可信度很高」，並且會因此將網站的評分提高。

### ③ 高度相關網站中的反向連結

下一個 Google 會給予較高評分的反向連結，是**高度相關網站中所建立的反向連結**。

舉例來說，以「滑雪」為主題的部落格，在同樣與滑雪有關的網站或冬季運動網站中建立有反向連結，會比在相撲部落格、性病資訊網，以及住宅翻修網中建立有反向連結更能獲得好的評價。

不相關的網站所建立的反向連結，很可能會是某種不當的連結，因為人們在網站中張貼連結時，幾乎都會選擇具有相關資訊的網頁，就算並非不當的行為，也很可能只是為了報酬而張貼的廣告連結。

## 4 付費購買的反向連結，Google 將不予評分

Google 在官方網站上明確說明，付費購買的反向連結並不會給予評分。

- Google 官方網站上對於連結的相關指引（https://support. google.com/webmasters/answer/66356?hl=ja&ref_topic=6001971）

Google 官方網站上與連結相關的指引，是非常重要的「SEO 指南」，請務必瀏覽。

礙於篇幅限制，書中無法介紹所有的內容，筆者在自己的網站上提供進一步的說明，讀者可以自行前往瀏覽。

「解讀 Google Webmaster Guideline」（日文資料）
https://www.web-planners.net/seo-kisochishiki/google-guideline/

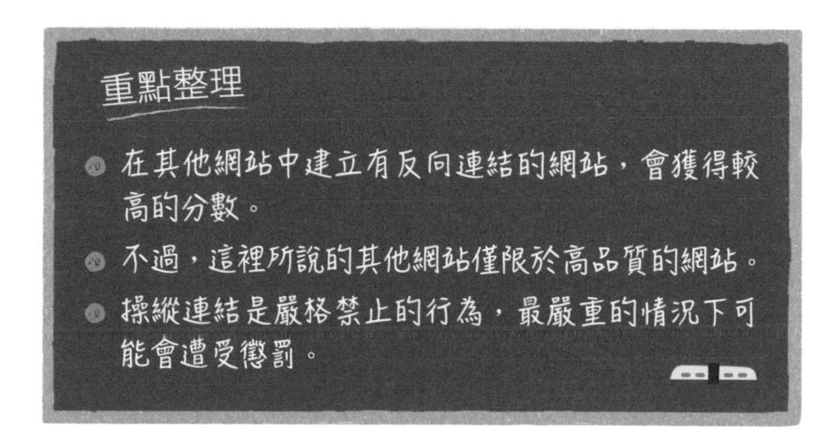

# 07 網站內部 SEO

## 1 網站外部 SEO 與網站內部 SEO

「網站內部 SEO」從開始執行 SEO 時就是相當重要的排名提升策略。SEO 的策略主要可以區分為兩種，第一種是前一小節介紹的網站外部 SEO，第二種則可以在自己的網站中著手進行，即網站內部 SEO。

## 2 三大部分是什麼

網站內部 SEO 有很多種，而一直以來最為重要的就是「三大部分」的相關設定。

三大部分指的是網頁原始碼的以下三個元素。

① 標題標籤
② 描述標籤
③ H1 標籤

Google 的搜尋引擎機器人在查詢網頁的內容時，最先參考的就是這三個部分。

搜尋引擎是透過網頁的原始碼辨識網頁結構，而非人類所看到的視覺畫面。網頁原始碼可以在網頁瀏覽器上查看，希望顯示網頁的原始碼時，只要在 Chrome 之類的瀏覽器上打開網頁，接著在網頁畫面的空白之處按下右鍵，選擇「檢視網頁原始碼」即可。

## ● 按下「檢視網頁原始碼」，就可以進一步查看該網頁的原始碼

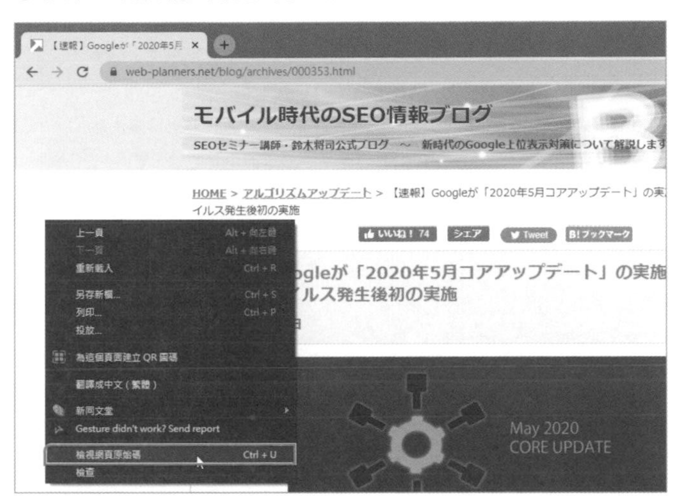


## ● 在 Chrome 瀏覽器上檢視網頁的原始碼

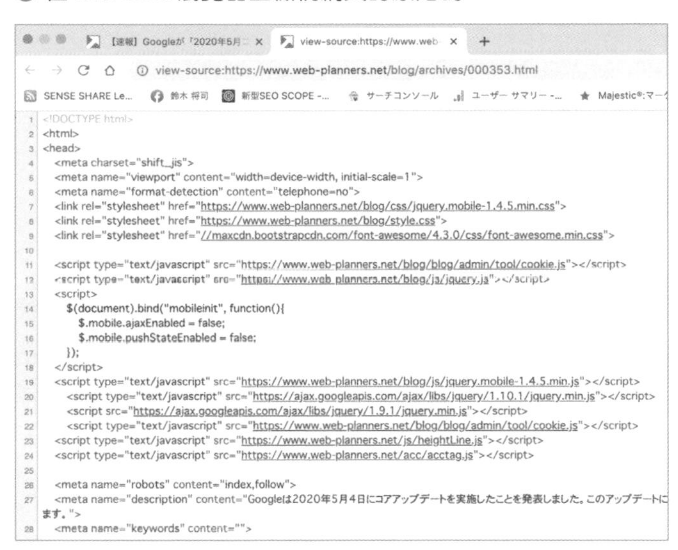


下一張圖是筆者部落格文章的原始碼，筆者在寫這篇文章時，將目標關鍵字設定為「Google 核心演算法更新」，希望在此關鍵字之下文章可以獲得較高的搜尋排名。（實際的原始碼會更複雜一些，為了簡單說明，這裡進行了部分簡化）。

● 搜尋「Google 核心演算法更新」時，排名較高的部落格文章原始碼

```
<title>【快訊】Google 推出「2020 年 5 月核心演算法更新」！新冠疫情以來首次實施｜智慧型手機時代的 SEO 資訊部落格 </title>

<meta name="description" content="Google 在 2020 年 5 月 4 日宣布推出核心演算法更新，更新之後的搜尋排名已經改變，詳細內容將由全日本 SEO 協會的代表鈴木將司為您解說。">

</head>

<body>
.
.
.
<h1>【快訊】Google 推出「2020 年 5 月核心演算法更新」！新冠疫情以來首次實施
</h1>
.
.
.
```

我將以這裡的原始碼為例，說明三大部分分別應該如何書寫，才能提升搜尋排名。

## 3 優化「標題標籤」

### ① 標題標籤

HTML 原始碼中，<title> 與 </title> 標籤之間的部分，就稱為**標題標籤**。標題標籤裡請書寫文章標題與部落格的名稱，標籤中**目標關鍵字**（看自己希望在什麼關鍵字之下會有較好的排名）**最少要出現一次，最多出現兩次**。

如下所示，標題標籤欄位所設定的標題中，「Google」出現了一次，「核心演算法更新」也出現了一次。

```
<title>【快訊】Google 推出「2020年5月核心演算法更新」！新冠疫情以來首次實施｜智慧型手機時代的SEO資訊部落格</title>
```

「【快訊】Google 推出「2020 年 5 月核心演算法更新」！新冠疫情以來首次實施」是文章的標題，「智慧型手機時代的 SEO 資訊部落格」則是部落格的名稱。文章的標題與部落格名稱之間加入「|」符號，在視覺上將更容易區隔。

## 4　優化「描述標籤」

### ② 描述標籤

HTML 的原始碼中，記錄於 <meta name="description" content=""> 標籤內「"」與「"」之間的內容，就是描述標籤，描述標籤裡會寫有該網頁的介紹。

介紹的字數目標約為 120 字，網頁的目標關鍵字**最少要出現一次，最多出現兩次**，如此會比較容易獲得好的搜尋排名。

文章如下圖所示，這個例子在描述標籤欄位中，「Google」出現一次，「核心演算法更新」出現一次，「更新」也出現了一次。

<meta name="description" content=" Google在2020年5月4日宣布推出核心演算法更新，更新之後的搜尋排名已經改變，詳細內容將由全日本SEO協會的代表鈴木將司為您解說。" >

## 5　優化「H1 標籤」

### ③ H1 標籤

HTML 原始碼中 <h1> 與 </h1> 之間的敘述，就是所謂的「H1 標籤」，請讓目標關鍵字在這裡的文章標題中出現**一次**。與標題標籤不同的是，這裡並不需要在文章的標題後方寫下部落格名稱。

如下所示，在這個例子的標題中，「Google」出現一次，「核心演算法更新」也出現了一次。

<h1>【快訊】Google推出「2020年5月核心演算法更新」！新冠疫情以來首次實施</h1>

## 6 每個網頁的三大部分都要寫下不同的敘述

搜尋引擎在辨識網頁時，會以三大部分為掌握網頁內容的重要線索。如果多個網頁中三大部分的內容都相同，搜尋引擎將會難以識別，而這可能會導致各個網頁的評分下降。

為了讓搜尋引擎正確辨識每篇部落格文章的網頁內容，各個網頁的三大部分請務必配合網頁分別寫下不同的內容。

## 7 部落格主頁的三大部分也是如此

到目前為止，我說明了要如何編寫三大部分的內容，才能提升部落格中各個文章網頁的搜尋排名。那麼，如果希望部落格的主頁在某個目標關鍵字下可以獲得較好的搜尋排名，又要如何編寫三大部分呢？

先說結論，主頁其實也是使用相同的寫法，下圖中可以看到筆者經營的部落格主頁原始碼，這個部落格主頁的目標關鍵字為「SEO　部落格」，而筆者執行的優化內容如下。

● 希望查詢「SEO　部落格」時有較高排名的部落格主頁原始碼之範例

```
<title> 智慧型手機時代的 SEO 資訊部落格 </title>
<meta name="description" content=" 由 SEO 講座講師 鈴木將司解說新時代的 Google 排名策略。除了 SEO 之外，也會介紹使用 MEO、SNS、YouTube 招攬顧客的方法與最新訊息。"/>

</head>

<body>
  .
  .
  .
<h1> 智慧型手機時代的 SEO 資訊部落格 </h1>
  .
  .
  .
```

標題標籤中，「SEO」、「部落格」這兩個目標關鍵字各出現一次，描述標籤中「SEO」出現了兩次，H1 標籤中「SEO」、「部落格」也各出現了一次。只要透過這個方式持續更新部落格一年以上，排名就會開始逐漸提升，最近這個部落格在 Google 搜尋的排名已經上升到第六名。

## 8　WordPress 的三大部分優化方法

在受歡迎的部落格系統「WordPress」又要怎麼編寫標題標籤與描述標籤呢？如果希望有效率地設定 WordPress 文章頁面的標題標籤、描述標籤與其他項目，就必須在 WordPress 安裝免費的外掛程式「All in One SEO Pack」。

完成 All in One SEO Pack 的安裝後，要登入部落格的管理畫面。寫作時，請在畫面下方的「標題」欄位中輸入標題標籤的敘述內容，並於「說明」欄位中輸入描述標籤的敘述內容。

## ● 在 WordPress 的管理畫面上對三大部分進行優化

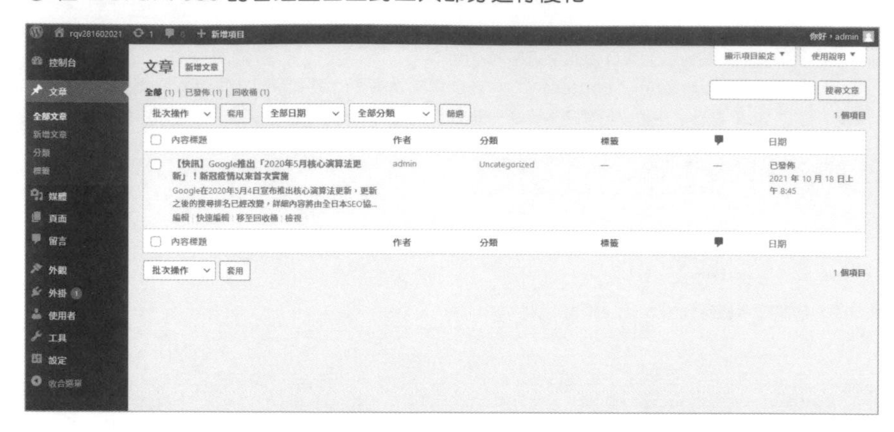


## 9 其他的部落格平台

日本的部落格平台，例如 Ameblo、Livedoor，以及 Hatena Blog 等，只要沒有特別進行設定，幾乎都無法對各篇文章的三大部分進行優化。

## ● Ameblo 管理畫面中新增文章的頁面

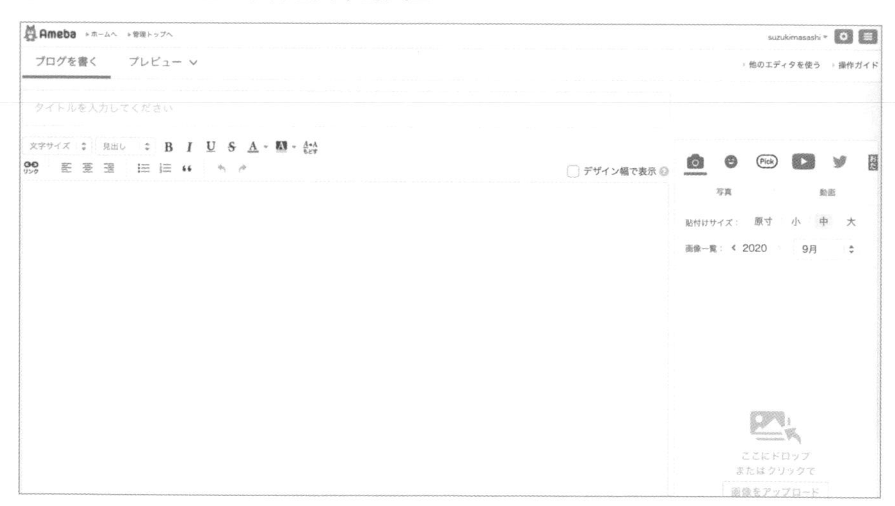

● Livedoor 管理畫面中，新增文章的頁面範例

此外，無論是免費或付費的部落格平台，都可能面臨「服務終止」的風險，因此，為了讓內容得以保存，以及可以迅速對部落格實施 SEO，建議可以在私有伺服器或是租用伺服器使用 WordPress、Movable Type、a-blog 等部落格系統（這些都稱為「CMS：Content Management System」，即內容管理系統）。

## 10 三大部分以外的網站內部 SEO

除了優化三大部分以外，還有以下的網站內部 SEO 策略。

- 字數
- 文章內容
- 圖片的數量與品質
- H 標籤的運用
- 選單的連結數、建議在哪些網頁貼上連結？
- 文章裡的連結

部落格文章要怎麼寫，才能讓這些網站內部 SEO 策略奏效？第四課「具 SEO 優勢的文章寫法」中將會詳細說明。

網站內部 SEO 自己就能做，是 SEO 的基礎，不過，若使用其他的部落格平台有可能並無法執行，必須留意。

## 重點整理

- SEO 可以分為「網站內部 SEO」與「網站外部 SEO」。
- 主要的網站內部 SEO 是在「標題標籤」、「描述標籤」與「H1 標籤」這三大部分執行。
- 使用 WordPress 等部落格系統，避免使用部落格平台。

# 08 E-A-T（專業性、權威性、可信度）高不高？

## 1 E-A-T 是什麼？

最後一個決定搜尋排名的基準是「E-A-T 是高還是低？」。

E-A-T 是以下三個單字字首的縮寫。

① Expertise（專業性）
② Authoritativeness（權威性）
③ Trustworthiness（可信度）

Google 在檢查網站內容可信度上變得很嚴格，這是因為網路上的假消息、錯誤資訊，還有欺騙讀者的內容實在太過氾濫。

Google 搜尋普及並且越來越受歡迎，讓 Google 具有非常大的影響力，其影響力幾乎等同或大過以往的大眾傳播媒體，例如電視和報紙等，這個說法一點也不誇張。

因此，Google 為了保護搜尋引擎的使用者，會極力避免缺乏可信度的網站連結出現在搜尋結果的頁面，就算出現在搜尋結果，也會試圖把網站的排名降低，避免連結顯示在較前面的搜尋結果。

## 2 什麼領域的 E-A-T 要求特別高？

根據 Google 所公告的資料「General Guidelines（品質評價準則）」，E-A-T（專業性、權威性、可信度）特別受到重視的領域為「YMYL（Your Money Your Life：人們的經濟與生活）」。

● 「General Guidelines（品質評價準則）」
（https://static.googleusercontent.com/media/guidelines.raterhub.com/ja//searchqualityevaluatorguidelines.pdf）

**General Guidelines** December 5, 2019



 1

具體來說，就像是「**金融**」、「**美容**」、「**健康**」、「**醫療**」、「**法律**」、「**新聞**」等，我們從字面上就能夠看出這些領域會對人們的經濟與生活帶來相當大的影響。

使用者點進搜尋結果頁面中與這些領域有關的網站，是有可能讓經濟遭受損失或是健康受到損害的，因此網站內容的可信度特別受到重視。

接下來我將說明如何提升 E-A-T 的各個元素。

## 3 ① Expertise（專業性）

具有 Expertise（專業性）的意思是，網站與內容的製作者被認定為特定領域的專家。

為了讓 Google 以及使用者認可自己的專業性，就必須在網頁內，或是網頁內連結所通往的頁面上盡可能宣傳自己在該領域的經歷與學歷，或是告知自己具有豐富的經驗與專業知識。

具體來說，在網頁內醒目的位置寫下作者的頭銜、姓名，並且在姓名的部分貼上作者介紹的網頁連結就相當有效。

● 提升文章 Expertise（專業性）的部落格文章範例

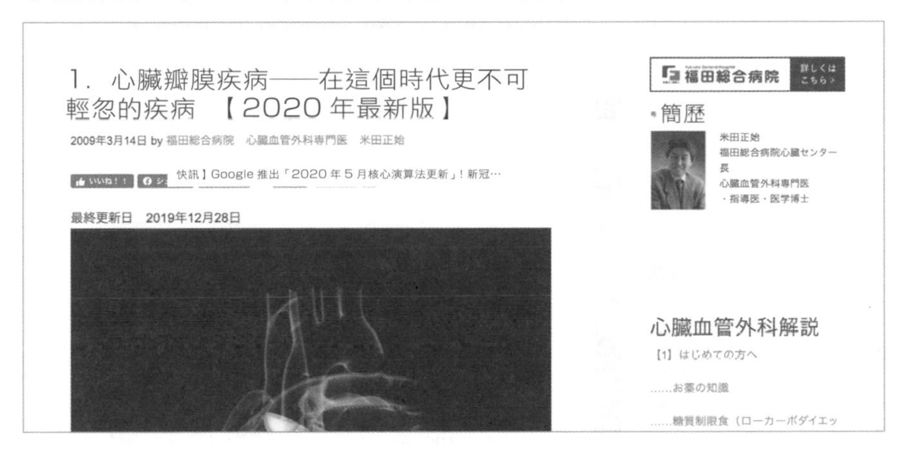


## 4 ② Authoritativeness（權威性）

Authoritativeness（權威性）指的是網站與內容的創作者在特定領域受到許多人的認可。提升權威性的有效方法之一，是受到該領域的團體、組織、學術機構、企業等網站介紹自己的網站並建立連結（反向連結）。

如果很難直接在權威性網站建立反向連結，那麼在權威性網站所連結的網站上建立反向連結，也可能會產生效果。

● 權威性網站中反向連結列表之範例

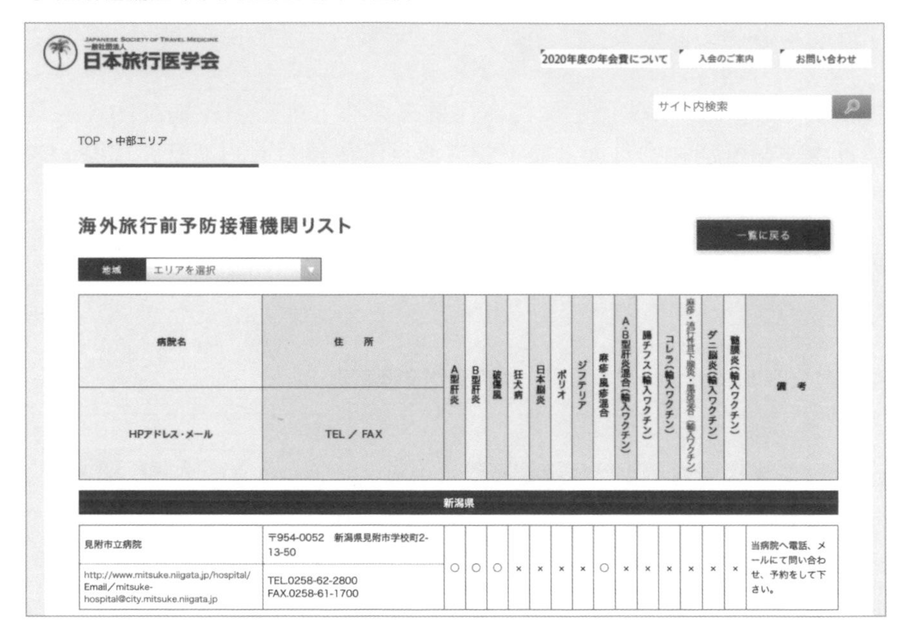


| 病院名 / HPアドレス・メール | 住所 / TEL／FAX | A型肝炎 | B型肝炎 | 破傷風 | 狂犬病 | 日本脳炎 | ポリオ | ジフテリア | 麻疹・風疹混合 | A・B型肝炎混合(輸入ワクチン) | 腸チフス(輸入ワクチン) | コレラ(輸入ワクチン) | 麻疹・流行性耳下腺炎・風疹混合(輸入ワクチン) | ダニ脳炎(輸入ワクチン) | 髄膜炎(輸入ワクチン) | 備考 |
|---|---|---|---|---|---|---|---|---|---|---|---|---|---|---|---|---|
| 新潟県 | | | | | | | | | | | | | | | | |
| 見附市立病院<br>http://www.mitsuke.niigata.jp/hospital/<br>Email／mitsuke-hospital@city.mitsuke.niigata.jp | 〒954-0052　新潟県見附市学校町2-13-50<br>TEL.0258-62-2800<br>FAX.0258-61-1700 | ○ | ○ | ○ | × | × | × | × | ○ | × | × | × | × | × | × | 当病院へ電話、メールにて問い合わせ、予約をして下さい。 |

## 5　③ Trustworthiness（可信度）

Trustworthiness（可信度）指的是網站經營者以及網站本身的內容是否可以信賴。提升可信度的有效方法之一，是在內容中對自己主張的意見與看法提供充分的證據予以佐證。

證據可以是資訊來源網站的參考連結、相關的圖表等資料，或是提供照片以證明是自己的親身經驗。

● 提供外部網站連結，作為文章論點的根據

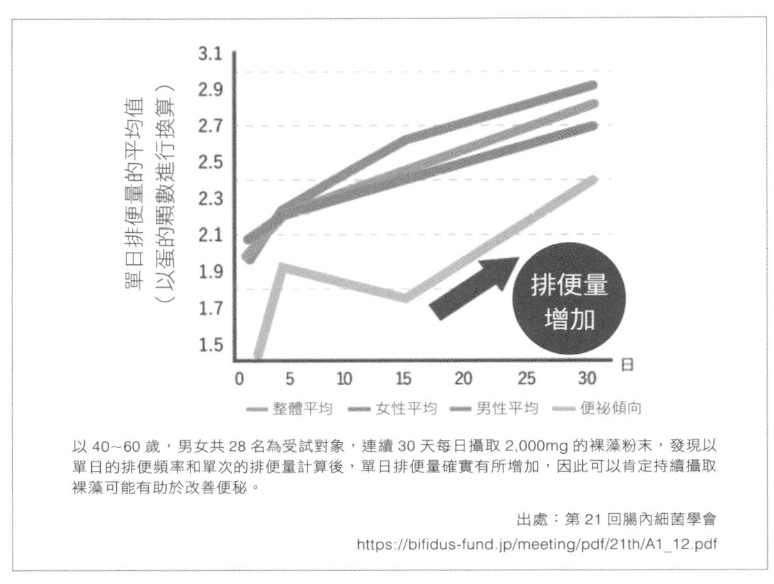


以 40~60 歲，男女共 28 名為受試對象，連續 30 天每日攝取 2,000mg 的裸藻粉末，發現以單日的排便頻率和單次的排便量計算後，單日排便量確實有所增加，因此可以肯定持續攝取裸藻可能有助於改善便秘。

出處：第 21 回腸內細菌學會
https://bifidus-fund.jp/meeting/pdf/21th/A1_12.pdf

據說 Google 除了透過演算法來確認內容的可信度之外，還指定專職員工，根據 Google General Guidelines 等手冊內容進行目視檢查。

我們必須避免只憑臆測與推測創作，必須根據經驗與資料來書寫文章。

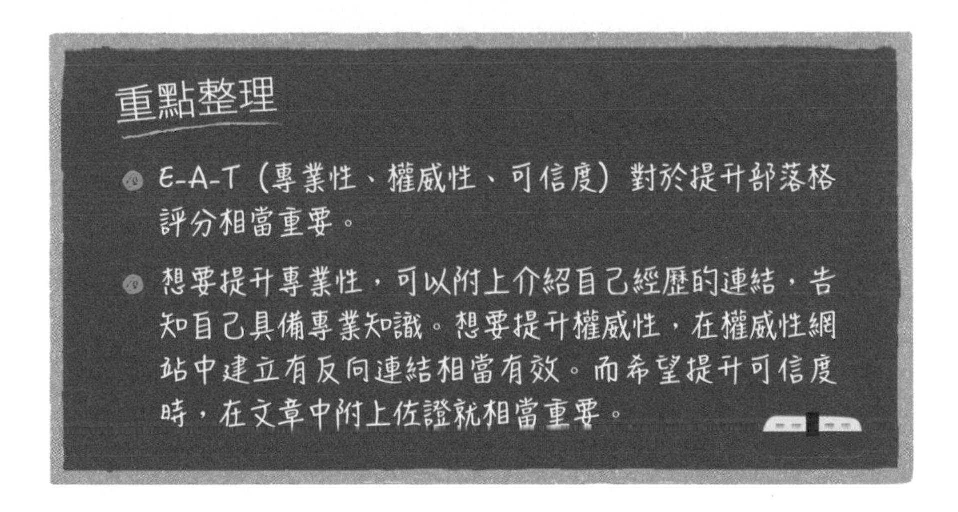

# 09 運用 SEO 概念書寫部落格的重要性

## 1 之後再回頭修改部落格非常浪費時間

如前述，Google 至少使用了六個因素來決定搜尋排名。要提升部落格文章的搜尋排名，從一開始寫部落格文章時就要留意這六個因素，也就是所謂的 SEO（搜尋引擎優化），這樣一來書寫文章的效果更顯著，也更有效率。

如果完全沒有 SEO 的概念，在寫完部落格文章以後才開始執行 SEO，就會需要重新修改文章，甚至為了變更文章主題，對大部分的文章內容進行調整，浪費了許多時間與力氣。

為了省下這些時間與心力，在最短的時間內提升部落格文章的排名，從第二課開始我將會介紹如何對部落格執行 SEO。

### 重點整理

- 一開始就運用 SEO 的概念來寫部落格！
- 沒有 SEO 的相關知識就開始書寫部落格文章，後來為了執行 SEO 才又回頭修正，會花費很大的心力。

# 第2課

# 部落格的網站結構與網頁版型

部落格的經營方式對SEO來說相當重要，好好掌握這一章的重點，不要一開始就做出錯誤的選擇喔。

# 01 要在哪裡架設部落格

## 1 部落格 SEO 的第一步

成功執行 SEO 的第一步，就是**選擇部落格的架設位置**。若是經營部落格之前完全沒有考量 SEO，架設的部落格可能根本就不利於 SEO 的執行。

一般來說，架設部落格時有以下四種選擇。

1 使用免費的部落格平台（下一頁）

2 在自有網域使用 CMS （61 頁）

3 在網站內使用相同的版面經營部落格（67 頁）

4 在網站內使用不同的版面經營部落格（71 頁）

下一節開始，我們將會分別介紹這四種方式。

# 02 1 使用免費的部落格平台

## 1 部落格平台不利於執行 SEO

在日本，免費的部落格平台包含 Ameblo[1]、Livedoor[2]，以及 Hatena Blog[3]，只要註冊帳戶，每個人都能輕易地開始經營部落格。

不過，使用部落格平台經營部落格已經越來越難獲得好的 Google 搜尋排名。

## 2 免費部落格平台不利於執行 SEO 的理由

### ① 很難對每個網頁（文章）的三大部分分別進行設定

如同第一課的說明，Ameblo、Livedoor、Hatena Blog 等部落格平台在沒有特別進行設定下，就無法對每篇文章的標題標籤、描述標籤等三大部分分別優化。**無法優化各個網頁的三大部分**，將不利於 SEO 的執行。

### ② 會出現廣告

免費的部落格平台之所以能夠免費，就是因為部落格平台會販賣廣告欄位以獲取廣告收益，因此，在免費的部落格平台上傳文章後，文章的頁面上就會出現廣告。不僅如此，顯示的廣告還不只一則，大部分都會顯示多則廣告，顯示的廣告也未必會與文章內容具有相關性，可能會導致讀者產生不好的使用者體驗。

---

1 https://www.ameba.jp/
2 https://blog.livedoor.com/
3 https://hatenablog.com/

不過大部分的部落格平台都提供付費方案，只要更改方案就可以使用無廣告的功能，因此這個問題是可以解決的。

## ③ 與其他部落格的競爭激烈

一個部落格平台中，同一個網域裡會有許多部落格。而**單一網域的網頁中，最多只會有兩個網頁出現在 Google 搜尋結果頁面**。

● 搜尋結果中顯示了單一網域（www.consuldent.jp）的兩個頁面

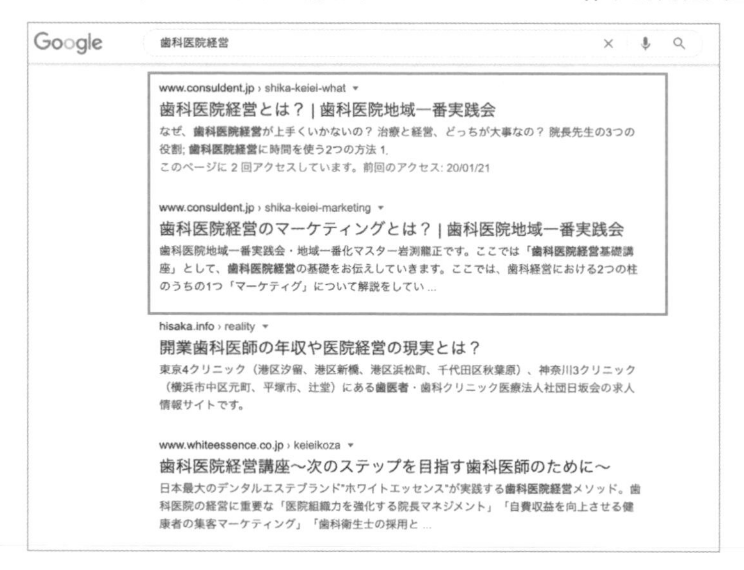


舉例來說，如果在 Ameblo 註冊部落格，那麼部落格的網域名稱就會是「ameblo.jp」。

建立部落格時，如果希望使用者搜尋「飲食控制　經驗分享」後出現較好的搜尋排名，而將帳號名稱設定為「suzuki-diettaikenki」（Suzuki 是人名，Diettaikenki 則是日文中飲食控制經驗分享的意思），那麼部落格的 URL（網址）將呈現如下。

http://ameblo.jp/suzuki-diettaikenki/

這樣看起來並沒有什麼問題，不過如果有太多 Ameblo 上的部落格希望能在「飲食控制　經驗分享」的關鍵字之下有好的搜尋排名，這些部落格的網址中也會包含 Ameblo 的網域名稱（ameblo.jp）。

https://ameblo.jp/saitou-diettaikenki/
https://ameblo.jp/watasinodietlife/
https://ameblo.jp/diet-daisuki/

使用者搜尋「飲食控制　經驗分享」時，Google 最多會從 http://ameblo.jp/ 裡的四個部落格中選出兩個部落格，並顯示網址。

換句話說，在 https://ameblo.jp/ 註冊的部落格，會需要與其他三個部落格共同競爭兩個名額。特別是後來才註冊的部落格，由於是後進者，因此與之前就註冊的三個部落格競爭時，會更難獲得好的搜尋排名。另外，就算產出優質的文章，確實執行 SEO 策略並獲得良好的搜尋排名，還是必須與這三個既有的部落格，以及未來可能出現的新部落格持續競爭。也就是說，使用部落格平台就意味著必須與該服務的其他使用者成為 SEO 的競爭對手。

有兩個方法可以避免這種情況，第一個是選擇部落格平台的付費方案。有些部落格平台會以收費的方式讓使用者自訂網域，只是即便如此，依然無法對各個網頁的三大部分分別進行優化。而另一個方法是使用自己的網域（自有網域）架設部落格，相關的內容會在第 61 頁介紹。

## ④ 違反規則而遭到刪除與規則變更的風險

使用部落格平台，就必須遵守平台的使用規則。

實際上，某個禁止上傳商業目的文章的免費部落格平台，就曾經大量刪除違規用戶的部落格。部落格被刪除後，使用者就會失去所有付出心血上傳的內容（雖然起因是因為違反了使用規則）。

即使沒有發生這種情況，也可能因為平台的政策，面臨規則隨時可能改變的風險。另外還有一種常見的情況是，違反規則的部落格沒有立即被刪除，最後還上傳了更多違反規則的文章。

## ⑤ 不知道平台什麼時候會終止服務

使用部落格平台可能會有服務終止的風險，曾經就有許多免費的部落格最後不再提供服務。

遇到這種情況，使用者只好將內容搬到其他的部落格平台，沒有將內容搬到其他地方的使用者，就會失去所有上傳的內容。

將珍貴的創作內容交給由他人提供的平台，尤其是免費平台，其實具有很大的風險。

因此，使用部落格平台經營部落格雖然方便，但也有其缺點與風險。

### 重點整理

- 使用部落格平台會有一些缺點與風險。
- 從SEO的觀點看來，部落格平台的缺點是無法對三大部分進行合適的設定，以及需要與同一網域的部落格競爭。
- 還有一個風險是由於服務終止、違反與變更規則等因素，導致使用者失去部落格的內容。

# 03 ②在自有網域使用 CMS

## 1 在自有網域經營部落格的好處

使用自有網域經營部落格的好處如下。

**① 可以自由編輯與優化 SEO 的重點項目，例如三大部分**

**② 上傳的文章內容不受限（不受規則限制）**

**③ 所有文章內容的所有權掌握在自己手上**

**④ 不會被強迫放置廣告**

**⑤ 在搜尋結果頁面上，不須與同網域的其他使用者競爭**

在自有網域經營部落格，就不會有免費部落格平台的缺點，免費部落格平台上的缺點，都可以透過在自有網域架設部落格來解決。

另一方面，在自有網域架設部落格的缺點就是費用，無論是取得、維護網域，或是維護租用伺服器都需要費用。

此外，在部落格平台經營部落格只需要使用平台預備好的系統，但若是在自有網域經營部落格，就必須自己花費心力準備（導入）部落格系統。擅長程式設計的人可以自行建立部落格系統，若是不擅長，則可以導入既有的部落格系統。

## 2 只透過部落格招攬客戶時就使用 WordPress

目前最具代表性的部落格系統（CMS）包含 WordPress、MovableType，還有 a-blog cms。

● WordPress（https://ja.wordpress.org/）

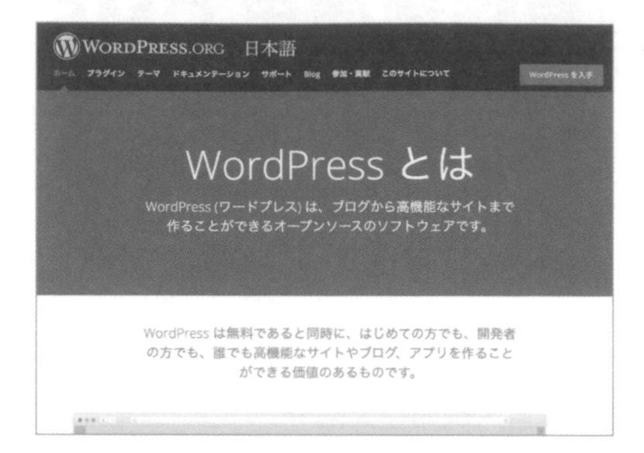


● MovableType（https://www.sixapart.jp/movabletype/）

● a-blog cms（https://www.a-blogcms.jp/）

這些部落格系統中最為普及的就是 WordPress，接下來會介紹 WordPress 的特徵。

## 3 WordPress 的特徵

### ① 全球最普及的 CMS

W3Techs 是由顧問公司 Q-Succes 所營運的網路研究機構，根據它的調查結果，**WordPress 在全球 CMS 市場的市佔率為 63.6%**，**全球有 38.4% 的網站使用的是 WordPress**[4]。除了部落格之外，CMS 軟體也可以當作架設一般網站的軟體使用。

Q-Success 的資料更顯示**日本國內的 WordPress 市佔率高達 82.4%**，可說是極受歡迎的選擇。

### ② 有很多參考書、相關的部落格與介紹影片

WordPress 的用戶很多，因此相關的參考書、介紹的部落格與影片也很多，初學者要學習架設方法與使用方式都相當容易。

### ③ 技術人員的人數極具優勢

WordPress 是最為普及的 CMS，因此，會使用 WordPress 的技術人員比起其他 CMS 還要多上許多。希望委外架設 WordPress 網站或是改造系統時，除了比較容易找到合作對象之外，與其他 CMS 相比成本更低，作業也更迅速。

### ④ 外掛程式較豐富

如果只是一般的部落格，WordPress 的功能完全足夠使用，但是如果想要寫出具有 SEO 優勢的部落格，那麼 WordPress 的功能是不夠的。為了彌補這項不足，就必須在 WordPress 安裝外掛程式（plug-in）。

4 http://w3techs.com/technologies/details/cm-wordpress

● 從 WordPress 管理畫面可以搜尋到各式各樣的外掛程式

許多希望執行 SEO 來提升搜尋排名的用戶都使用了免費外掛程式「all in one seo」。在 WordPress 安裝 all in one seo，就可以針對每個網頁設定 SEO 的重要項目，例如標題標籤、描述標籤。

● 安裝 all in one seo 免費版後的 WordPress 管理畫面

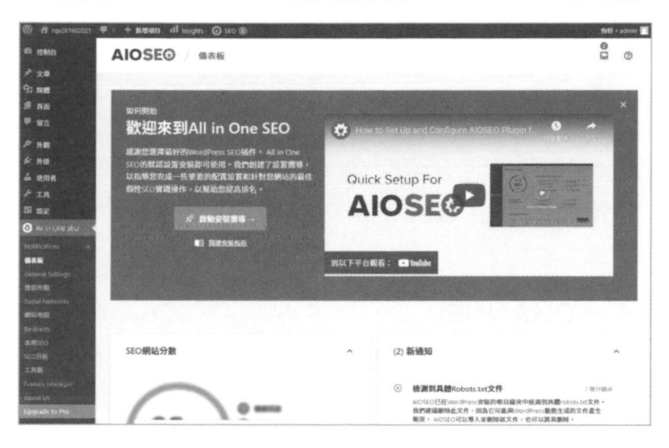


## ⑤ 主題、版型相當豐富

WordPress 的普及還有一個原因在於豐富的版型設計（主題），使用者可以從許多網站下載版型，不需要自行設計部落格。

● 提供版型設計的網站範例（https://tw.wordpress.org/themes/）

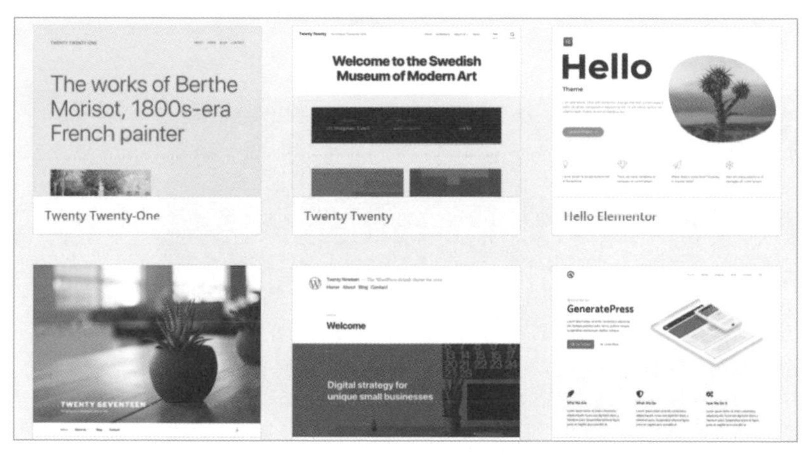


有才華的創作者會以免費或收費方式提供漂亮的版型設計，使用者可以輕易地將喜歡的版型套用到自己的 WordPress，變換部落格的風格就像換衣服一樣簡單！

## 參考影片

關於在伺服器架設 WordPress、安裝外掛程式的方法，還有版型設計（主題）的套用方式，本書並不會詳細介紹。

筆者在 YouTube 影片有相關的說明，請前往「鈴木将司のウェブマスター CHANNEL（日文頻道，頻道名稱暫譯為鈴木將司的網站大師頻道）」觀看。

**鈴木将司のウェブマスター CHANNEL**
**https://www.youtube.com/user/zennihonseo**

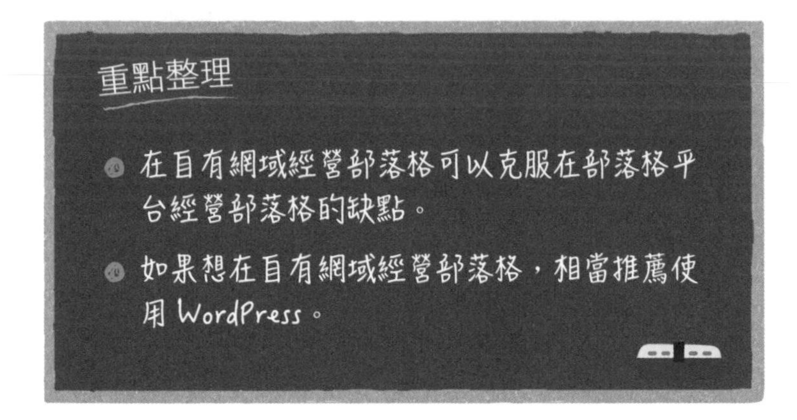

# 04 ③在網站內使用相同的版面經營部落格

## 1 在自有網站中建立與網站頁面相同版型的部落格

前一小節介紹了如何在自有網域經營一個獨立的部落格網站。

還有另一個有效的部落格經營方式，就是**在自有網站中建立與網站原有頁面相同版型的部落格**，這個方式是在企業與個人經營的既有網站中新增一個版型相同的部落格。

● 與既有頁面版型相同的部落格

讓我們看看實際的應用範例，假設下圖是公司網站的網頁版型與設計。

● 在網站中採用相同設計經營部落格的範例（https://air-premium.jp/）

而下一張圖則是設置於網站中的部落格文章排版與設計。

● 設置於公司網站中的部落格版型與設計範例

如圖，網頁中央的主要部分就是部落格文章，和公司網站頁面採用相同的版型與設計。

## 2 可以輕易地在自己的網站新增網頁

在自己的網站中經營部落格的好處是，在網站新增網頁就像寫日記一樣簡單。

一般來說，在網站新增網頁需要一定的技能（HTML 與網站結構等知識），然而，如果新增網頁時是採用新增部落格文章的方式，就不需要特別的技能了。正因如此，許多個人、企業網站為了可以更輕易地更新，會在既有的網站中設置部落格並新增部落格的文章。

## 3 上傳文章與主頁的目標關鍵字不相符，會導致搜尋排名下降

不過，這種方式有一個很大的缺點，新增部落格文章時，文章必須與網站主頁所設定的關鍵字高度相關，如果新增的文章不符合網站的主題，可能會對網站整體的 SEO 帶來不好的影響。

這是因為 **Google 對於高專業性的網站評分較高，因此會提升其排名**。

部落格文章的版面、設計若是與網站中其他網頁相同，即使部落格經營者想要上傳的是（不同於網站內容的）部落格文章，Google 也會認為這是一般的網頁，而非部落格文章。

上一頁圖片中所舉的例子，其網站主頁在關鍵字「港區　高級住宅租屋」之下，Google 的搜尋排名為第三名，這是因為多年以來，該網站都只新增與港區高級住宅相關的網頁，而部落格文章的內容也都是以港區的高級住宅為主題。

假如這個網站的經營者在部落格中新增與網站主題不符的文章，例如中央區的高級住宅，或者是介紹港區的餐廳等，就會與網站的主題不符，慢慢的，這個網站就不是專門提供港區高級住宅資訊的網站了，這時候

Google 會判斷網站的主題並非「港區高級住宅」，並且降低評分與搜尋排名。

其實這個網站曾經陷入一個情況，越是上傳更多的部落格文章，主頁的搜尋排名就越是下降，當經營者了解原因在於部落格的新增文章與網站主題不符後，就把與「港區　高級住宅租屋」相關性較低的文章全數刪除，接著再專注於上傳更多「港區　高級住宅租屋」的相關文章，才讓主頁的搜尋排名再次恢復。

許多向筆者諮詢 SEO 問題的人都犯了相同的錯誤，才導致主頁的搜尋排名下降。筆者就曾多次遇過上述的情況，部落格經營者刪除與主頁目標關鍵字較無關的文章並增加相關性較高的文章，最後搜尋排名又再次恢復。

假如你在自己的網站中架設部落格，也拼命上傳文章，排名卻都沒有提升，甚至還逐漸下降，就可以確認自己是不是犯了這個錯誤。

部落格的文章若是與主頁的目標關鍵字並不相關，請採用相同的做法，這樣一來搜尋排名比起以往可能會有顯著的提升。

## 重點整理

- 與網站具有相同設計的部落格，並不會被視為獨立的部落格，而會是網站的一部份。
- 部落格採用與網站相同設計的優點在於容易更新。
- 若是新增與網站主題不符的文章，可能會導致網站整體的評分下降。

# 05 4在網站內使用不同的版面經營部落格

## 1 在自己的網站中以日記的型態經營部落格

在自己的網站中設置部落格時，也可以選擇將部落格獨立經營，不用像前一節一樣統一設計。

● 在網站中使用不同的版型經營部落格

讓我們看看實際的例子，下圖中的網站名稱為「order-nobori.com」，以日文「のぼり（日文讀音為 nobori，意思是廣告旗）」為關鍵字搜尋，會顯示在 Google 搜尋結果的第一頁。

● 廣告旗訂製網站 order-nobori.com（http://www.order-nobori.com）

這個網站在相同網域中也架設有部落格[5]。與前一節不同的是，這個部落格與網站中其他網頁的設計不同，一眼就能看出是部落格（日記）的版型設計。

● 「Nobori」網站中設置有採用日記式版型的部落格

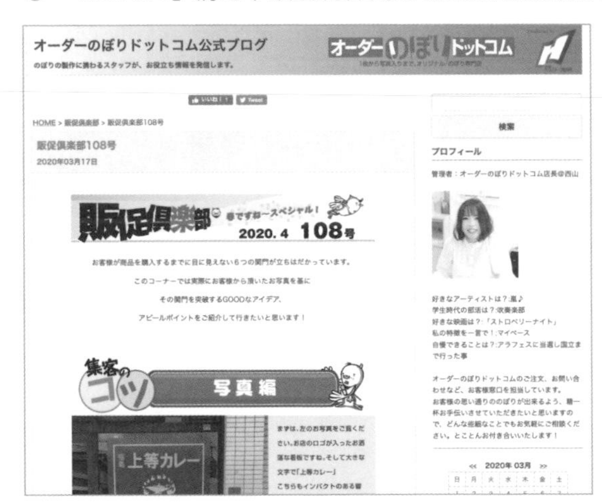


5 http://www.order-nobori.com/blog/home/

標頭的部分寫著「order-nobori.com 官方部落格」，右側選單則有部落格經營者的簡介與照片，下方顯示的月曆寫有新增文章的日期，版型與網站的主頁明顯不同。

## 2 優點是可以自由選擇上傳文章的主題

與前一節介紹的部落格不同，以這種型態經營的部落格，即使新增的部落格文章與主頁設定的目標關鍵字相關性較低，也不會對主頁的搜尋排名產生不好的影響。

網站主頁希望在「のぼり（Nobori）」的關鍵字下有較高的搜尋排名，而上一頁的部落格文章範例則是在介紹玻璃門上張貼的標示。前一節介紹的部落格型態中，與網站主題不符的部落格文章越多，網站整體的評分就會下降。然而，在自己的網站中以日記式的版型建立並經營部落格，Google 就會認定部落格與該網站分別是獨立的內容。當網站中設立有不同版型、設計的網站時，Google 會將其視為另一個獨立的網站。

如果想在網站中設置部落格，在部落格中上傳任意主題的文章，那麼像這樣使用完全不同的設計，就可以自由上傳不同主題的文章。但即便如此，上傳的文章也不能與網站主題完全無關，這點還是需要留意（參考 76 頁）。

## 3 自由度最高，最具 SEO 優勢的是？

目前為止我們介紹了四種建立部落格的方式。

1 使用免費的部落格平台

2 在自有網域使用 CMS

3 在網站內使用相同的版面經營部落格

4 在網站內使用不同的版面經營部落格

而較具 SEO 優勢的部落格經營方式，就是「2 在自有網域使用 CMS」。如果要在自己的網站中建立部落格，則建議採用「4 在網站內使用不同的版面經營部落格」的方式。

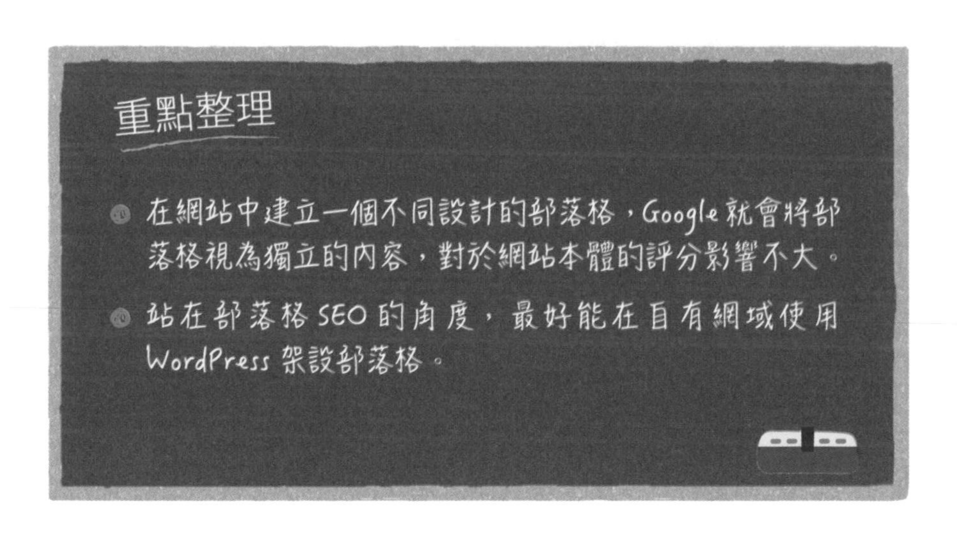

# 06 部落格文章導致網站評分降低時如何因應

## 1 恢復搜尋排名的檢查項目

如第 69 頁的說明，在自己的網站中建立部落格，可能會發生上傳越多文章，網站主頁搜尋排名越是下降的情況，部落格文章是導致主頁評分降低的因素，而這裡就要進一步說明原因。

經營部落格時，如果煩惱著主頁的搜尋排名難以提升，或是寫越多文章排名越是下降，就可以逐一確認以下九個因素，找出恢復排名的方法。

● 部落格文章降低網站主頁排名的九大因素

① 太多與主頁目標關鍵字無關的文章

② 太多字數偏少的文章

③ 太多原創性偏低的文章

④ 太多讀者需求較低的文章主題

⑤ 太多內容單薄的文章

⑥ 太多由實力不足的作者所寫的文章

⑦ 太多含有違法內容的文章

⑧ 文章或是側邊選單具有標籤雲的連結與不自然的詞彙群

⑨ 過多同業才能理解、同業才想知道的主題文章

## 2　① 太多與主頁目標關鍵字無關的文章

這一點在 69 頁已經說明，也就是上傳太多與主頁目標關鍵字相關性較低，甚至是完全不相關的文章。

明明對自己的網站主頁設定了目標關鍵字，上傳到部落格的文章卻與關鍵字完全無關，例如上傳「今天發生了一件事！」、「我拿到一份點心」、「我去了沖繩！」等，這些幾乎都是日記式的文章，導致文章與網站整體關鍵字的相關性降低，Google 認知到這點之後，就會將搜尋排名往下調。

### 即使是在網站中以不同版型經營的部落格，依然會有負面影響

其實，除了在網站中以相同版型經營的部落格之外，以不同版型經營的部落格一樣會有不良的影響。與前者相比，後者上傳文章主題的自由度雖然較高，不過與網站目標關鍵字不相關的文章一旦太多，會導致網站主頁的搜尋排名更容易下降。

透過關鍵字搜尋進入網站的使用者，基本上是想要獲得與關鍵字有關的資訊才會點擊網站，因此，應該很少讀者想要瀏覽文章作者私底下的生活，或是企業網站中與本業無關的內容。也就是說，一旦網站中如日記般主題較雜的文章增加，就代表「用戶不想瀏覽的文章增加了」，而 Google 對於網頁造訪次數較多的網站會給予較高的評分，因此相關度較低的文章對於 SEO 來說會有負面的影響。

## 在自有網域使用 CMS 經營部落格也相同

在自有網域經營部落格自然也是如此，雜亂無章的文章內容會導致搜尋排名下降，因為網站整體與目標關鍵字的關聯性過於薄弱。

舉個具體的例子說明，內容偏離目標關鍵字的文章，實際上會對搜尋結果產生多少負面影響。

假設部落格經營者將主頁的目標關鍵字設定為「英語會話學習法」，並且在取得「www.eikaiwa-gakkushuhou.com」的網域後，架設一個 WordPress 的部落格，接著上傳與英語會話學習法有關的部落格文章。

只是，部落格經營者中途開始上傳與學習其他語言有關的文章，例如法語、德語、中文、韓語學習法等，這時候部落格整體的主題會變成「語言學習法」，而不是「英語學習法」，因此以「英語會話學習法」為目標關鍵字來搜尋時，網站主頁的搜尋排名會下降。

● 部落格示意圖

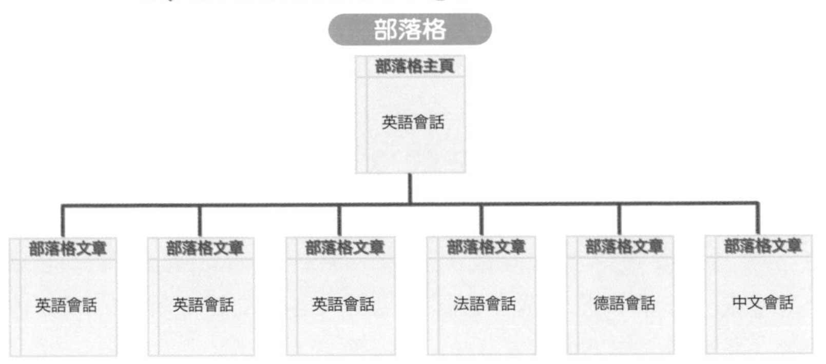


假設部落格的主題一樣是英語會話，只是又增加許多英國、美國等英語圈國家的觀光文章，或是以歷史為主題的相關文章，那麼整個部落格中與學習法有關的文章將不足夠，以至於對主頁的搜尋排名產生負面影響。

新增太多與主頁目標關鍵字無關或相關性較低的文章時，可以選擇將文章刪除，或是將文章搬到其他的網站與部落格。又或者，如果可以完全改寫文章內容，也不失為一個選擇。

整理好既有的文章之後，未來新增文章時，就要留意只能新增與主頁目標關鍵字有關的文章。

## 3　② 太多字數偏少的文章

第二個常見的問題是「**文章的字數極少**」。

觀察以關鍵字搜尋後排名較高的部落格文章會發現一個共通點，即使是簡易的說明，也會寫到**八百個字以上**，寫得再詳細一點的文章則會有八百到數千字。也就是說，**部落格文章的字數最少要寫八百字以上到數千字**。

想要再進一步了解「該寫幾個字」，可以實際使用自己希望提升搜尋排名的關鍵字在 Google 搜尋，並且留意自己書寫的文章字數與排名前十的網頁平均字數是否相近，或是再多一些。

## 4　③ 太多原創性偏低的文章

部落格中上傳太多原創性偏低的文章，會導致 Google 的評分下降。Google 會給予較高評分的基本上都是原創內容，而這裡所說的原創性，指的是「非重複使用的內容」。

複製自己網站裡其他網頁的文章，或是複製自己部落格中其他頁面的文章並再次上傳，都會讓缺乏原創性的部落格文章增加，當然，複製他人網站內容與部落格文章也是一樣。未經許可轉載他人文章當然是嚴格禁止的，但即使得到他人許可，也要盡力避免在自己的部落格上傳他人的文章。

如果要複製其他網頁的文章，請將複製的比例維持在百分之二十以下，這樣一來，網頁會有約百分之八十是原創文章，就不會產生原創性的問題。

● 複製其他網頁文章的容許範圍

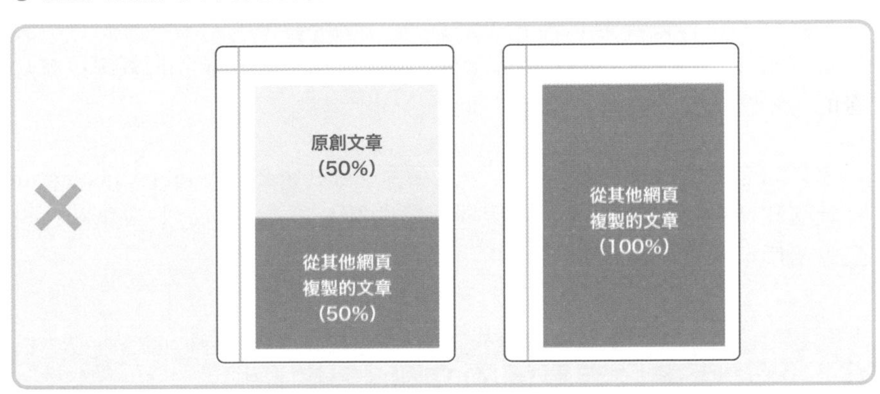


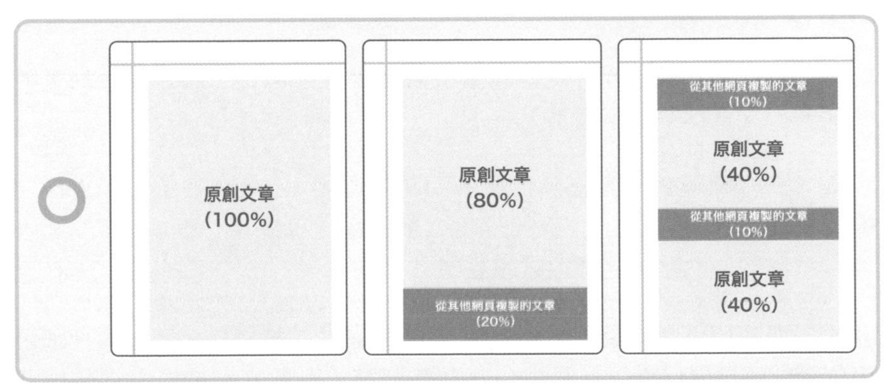


## 5 ④ 太多讀者需求較低的文章主題

這也是常見的錯誤，上傳太多幾乎沒有讀者想要瀏覽的文章，網站的評分就會下降。

在第一課我們曾經說明，Google 在決定網站的搜尋排名時，會以**受搜尋使用者歡迎的程度作為評分標準**，因此，在部落格中持續上傳幾乎沒有讀者瀏覽的文章，Google 就會認定部落格或是網站整體不受歡迎，並把搜尋排名往下調。

在第三課我們也會詳細說明要怎麼找到符合讀者需求的文章主題，不過最基本的一點是，部落格經營者的私事，以及公司內發生的事等只有身邊的人才會關注的內容，都請不要上傳到部落格。

如果真的想要上傳這些內容，可以上傳到 Facebook、Twitter、Instagram 等社交軟體，這樣就不會影響搜尋引擎的評分，而且也可以只讓關注自己的用戶了解自己私下的活動。

## 6 ⑤ 太多內容單薄的文章

這樣的部落格比較少見，內容單薄的意思是，部落格有許多文章的量與質相較於文章標題並不豐富。

例如，文章標題是「徹底分析繼承問題的原因」，但是細看文章之後，繼承問題的原因只佔了一小部分的文章篇幅。標題是「徹底分析」，內容卻只提到一點點，這樣很難讓讀者感到滿意。

在第一課我們也曾經說明，Google 在決定網站的搜尋排名時，會把**使用者對網站的愛好程度**作為其中一個判斷標準，而愛好程度是由網站停留時間的長度，以及較低的跳出率來決定的，要是 Google 認定部落格文章並不受讀者青睞，就會調降搜尋排名。

## 7 ⑥ 太多由實力不足的作者所寫的文章

有時候問題並不在於內容的字數，有些主題如果是由不具備相應能力的作者書寫，也很難提高訪客互動。

例如滑雪相關的文章，比起由不熟悉滑雪或不喜愛滑雪的人來寫，了解滑雪而且喜愛滑雪的人所寫的文章更能夠吸引讀者，因此也更有機會促進訪客互動。

如同第一課的說明，Google 在決定網站的搜尋排名時，會根據網站的專業度、權威性、可信度來評分。不具醫療資格的作者書寫醫療與健康相關的文章，就算寫作方式與內容再好，Google 也會懷疑文章內容的可信度，因為醫療與健康相關的文章如果傳遞了錯誤內容，會對讀者造成健康上的危害。

上傳文章時，一定要確定作者是否具有書寫該主題的資格、經驗，或者是較深入的見解。一旦疏忽這點，再怎麼努力上傳文章，也只會招來搜尋排名下降的反效果。

## 8 ⑦ 太多含有違法內容的文章

除了健康與醫療資訊的可信度之外，Google 也會**直接、間接地調查內容是否合法**，因此上傳的文章請務必合乎法律規範。

除了法律之外，以一般常識看來不符合社會常理、具有倫理道德問題，還有內容多處誇大的文章都應該避免。

## 9 ⑧ 文章或是側邊選單具有標籤雲的連結與不自然的詞彙群

最近這種方式比較少見，這是以前曾經流行過的 SEO 技巧，現在還是有少數的部落格會使用。

**標籤雲**是將所有關鍵字的連結列出而成，以往經常會設置在部落格的側邊選單。

點擊標籤雲的連結後，就會出現與該關鍵字有關的部落格文章列表。

● 標籤雲的範例

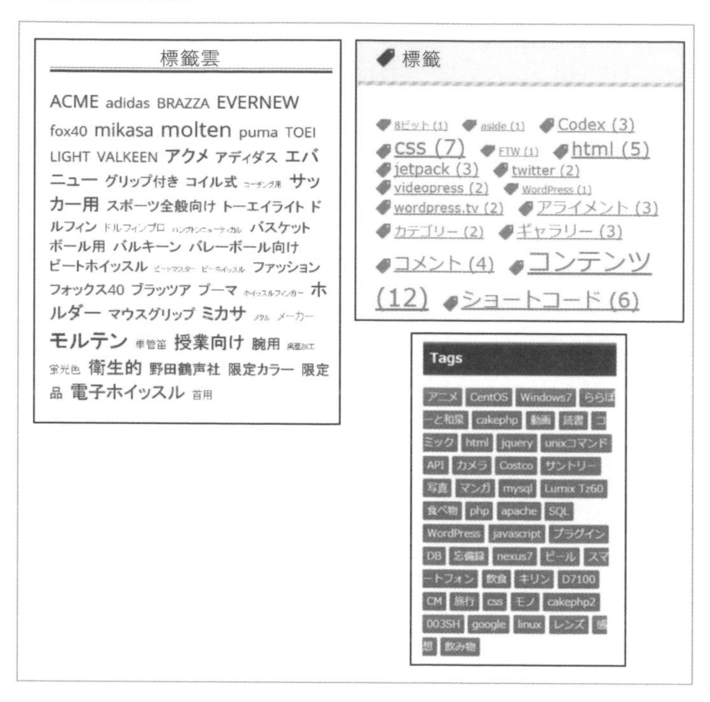


標籤雲本來就是提升使用方便度的設計，只是，一旦數量太多，對於 SEO 的評分會有負面影響，並且可能導致搜尋排名下降。這是因為標籤雲通常會設置在每個部落格頁面的側邊選單，這樣一來就等同於相同文字在多個頁面重複顯示，形成內容重複的情況。

重複的內容一旦增加，網頁的原創性就會降低，文章的頁面將越來越難提升排名。

如今則是盡量不要在部落格中使用標籤雲比較保險，如要使用，也要把數量限制在五個左右，避免網頁間的重複內容增加。

## 10 ⑨ 過多同業才能理解、同業才想知道的主題文章

這也是筆者時常會犯的錯誤，文章內容的難度太高，會導致造訪次數難以提升。

文章內容的難度一高，能夠理解文章內容的搜尋用戶就會變少，即使文章出現在搜尋結果的頁面上，網頁的實際造訪次數也會降低，而造訪次數是網頁評分的標準之一。

即使用戶點擊、瀏覽文章，但是因為不太了解內容而無法讀到最後，一下子就回上一頁了，這也會導致訪客的互動狀況變差。

如果這個狀況持續，部落格幾乎沒有對讀者有價值的文章，反向連結也很可能會減少。

為了避免這個問題產生，上傳文章時必須避開只有同業才了解，難度較高的文章，寫作內容要讓不具專業知識的一般人也可以理解，即使是初學者也會感到興趣，而且主題不要太過生硬。

### 重點整理

- 上傳到部落格的文章內容可能導致網站整體的評分下降。
- 基本上必須上傳內容貼近網站主題的文章。
- 低品質、內容不足，或是難度太高的文章，都可能造成負面影響。

# 07 具備 SEO 優勢的部落格網頁版型

## 1 以「三大區塊」分析網頁

Google 評分部落格時，不只會調查文章中的文字，文字以外的部分也會列為調查與評分對象。

第一課我們曾經說明，Google 在評分網站時使用的 General Guidelines（品質評價準則）指出，Google 在分析網頁時主要是分為三大區塊。第一個區塊是「**主要內容（MC）**」，第二個區塊是「**輔助內容（SC）**」，第三個區塊則是「**廣告內容（AC）**」。

## 2 主要內容（MC）

簡單來說，**主要內容**指的就是「**網頁中的文章部分**」。使用者是為了瀏覽文章而造訪部落格，所以必須留意上傳文章的主要內容「在量的部分能夠滿足使用者」。

根據 General Guidelines 的定義，「主要內容是可以直接達成網頁目的的部分，也是網頁管理者能夠直接管理的部分，包含文字、圖片、影片、程式（計算功能與遊戲），以及由使用者上傳的影片、評論、文章等」。

● 主要內容的示意圖

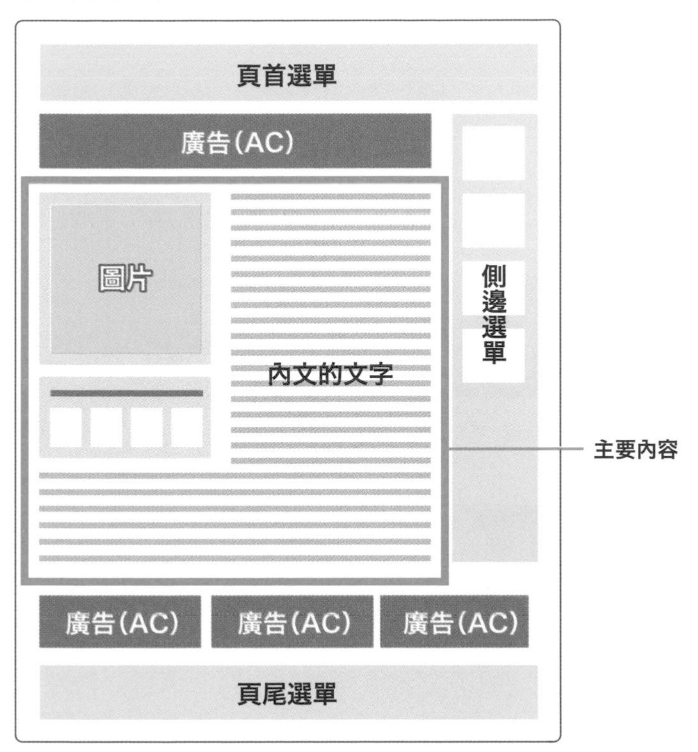


至於文章該寫多少字，會在第四課詳細說明。

## 3 輔助內容（SC）

**輔助內容**簡單來說就是頁首選單（網頁上方的選單）、側邊選單（網頁側邊的選單）、頁尾選單（網頁下方的選單）等選單相關的部分。

選單內連結的項目數要**盡量減少**，選單太多，會讓輔助內容比主要內容更顯眼，相對之下，Google 會認為主要內容較為薄弱。

接下來的例子是由筆者的企業客戶所經營，以「廣告旗」為主題的部落格網頁。網頁右方側邊選單的「最新文章」列出了十篇最新文章的連結。

如果只列出十篇，側邊選單的長度還不至於太長，但如果在這個位置貼上二十到三十個通往其他文章的連結，網頁的側邊選單會變得很長，輔助內容也會變得很多。

● 輔助內容不能太多

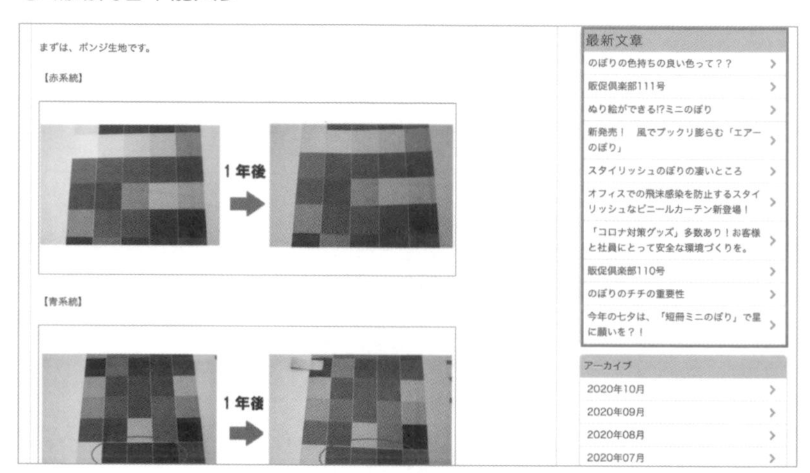


另一方面，下方有個「分類」的選單，這裡則有十八個項目，稍嫌太多。

● 側邊選單太長

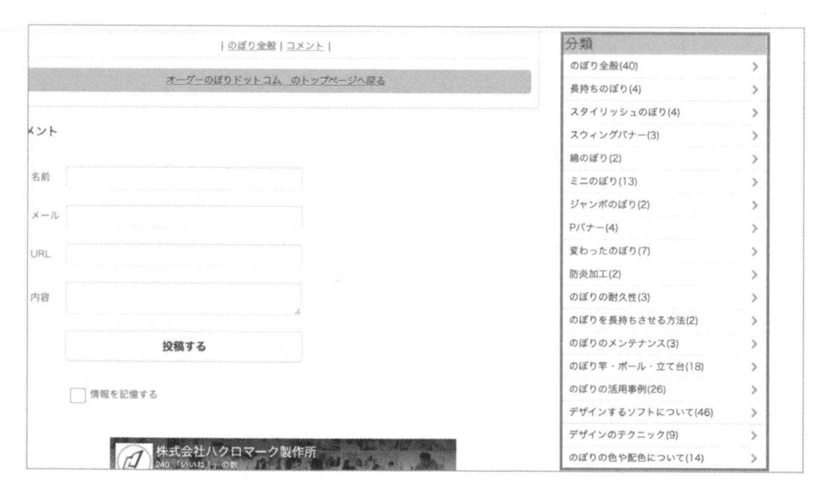

頁尾的選單也是相同道理。

下面的例子是以電話代接服務為主題的部落格，頁尾選單含有四十筆以上通往其他頁面的連結，而且全是商品介紹網頁，並不是通往其他部落格文章的連結。

● 「電話代接服務」部落格網頁中的分類案例

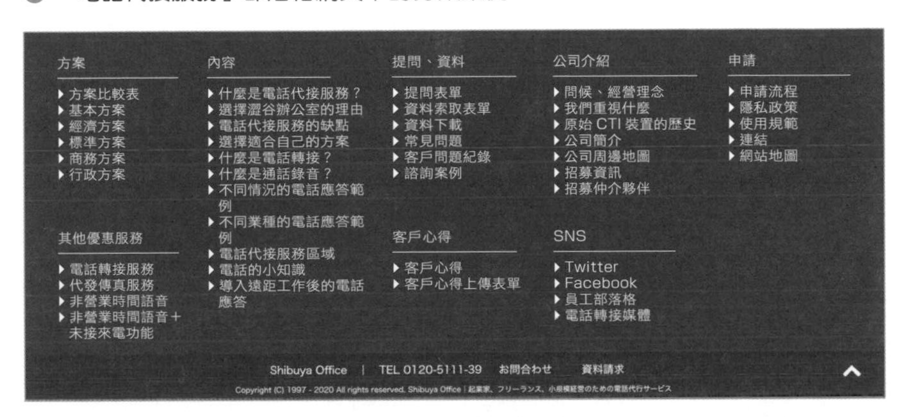


在部落格的頁尾設置頁尾選單時，應該盡量放入**部落格中其他網頁的連結**，如果做不到，**還不如什麼都不放比較好**。一旦與主要內容之文章主題相關性較低的連結變多，搜尋排名將會難以提升。

頁首選單也是一樣，**如果是通往部落格其他頁面的連結，可以將頁首選單的連結項目維持在七個以內**。商品介紹的網頁連結不要放在頁首選單的欄位，會比較容易提高部落格文章的搜尋排名。

● 在頁首選單設置商品介紹連結的案例

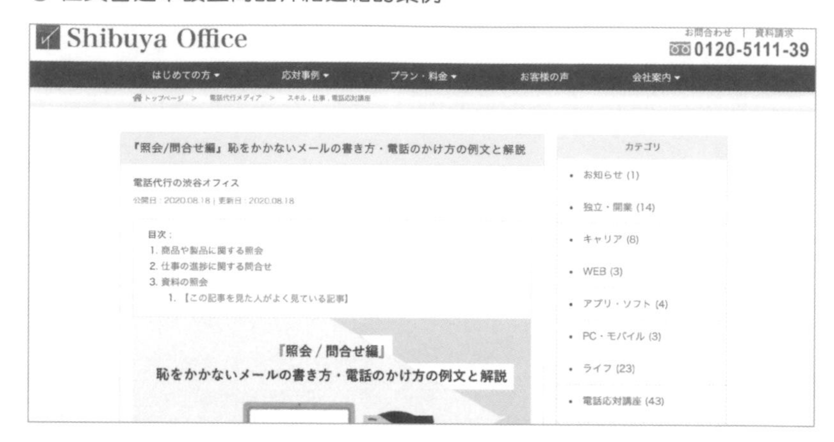


而下一個範例中，輔助內容的連結數量是有經過考量的。

● 限制各選單連結數量的部落格範例

頁首選單的連結只有一筆，而且還是導向英語會話教室的首頁，與網頁主題（英語會話）性質相近。

頁尾選單則沒有連結，而側邊選單也控制在類別的五個連結，以及導向最新文章的五個連結。如果輔助內容減少到這個程度，主要內容就會比較醒目，也更容易成為高排名的網頁。

## 連結以外的輔助內容

剛才說明了輔助內容中的連結，不過必須留意的是，輔助內容並不是只有連結。

除了連結以外，較常見的輔助內容有部落格經營者的簡歷。下一個例子是剛才介紹的「廣告旗」主題部落格，在網頁的右上方就有部落格經營者的簡歷。

## 部落格經營者的簡歷

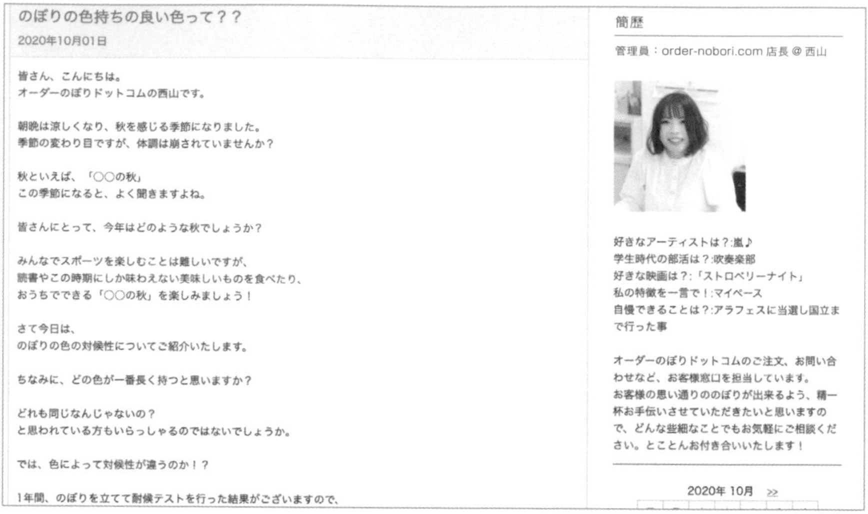

のぼりの色持ちの良い色って？？

2020年10月01日

皆さん、こんにちは。
オーダーのぼりドットコムの西山です。

朝晩は涼しくなり、秋を感じる季節になりました。
季節の変わり目ですが、体調は崩されていませんか？

秋といえば、「〇〇の秋」
この季節になると、よく聞きますよね。

皆さんにとって、今年はどのような秋でしょうか？

みんなでスポーツを楽しむことは難しいですが、
読書やこの時期にしか味わえない美味しいものを食べたり、
おうちでできる「〇〇の秋」を楽しみましょう！

さて今日は、
のぼりの色の対候性についてご紹介いたします。

ちなみに、どの色が一番長く持つと思いますか？

どれも同じなんじゃないの？
と思われている方もいらっしゃるのではないでしょうか。

では、色によって対候性が違うのか！？

1年間、のぼりを立てて耐候テストを行った結果がございますので、

簡歴

管理員：order-nobori.com 店長 @ 西山

好きなアーティストは？:嵐♪
学生時代の部活は？:吹奏楽部
好きな映画は？:「ストロベリーナイト」
私の特徴を一言で！:マイペース
自慢できることは？:アラフェスに当選し国立まで行った事

オーダーのぼりドットコムのご注文、お問い合わせなど、お客様窓口を担当しています。
お客様の思い通りののぼりが出来るよう、精一杯お手伝いさせていただきたいと思いますので、どんな些細なことでもお気軽にご相談ください。とことんお付き合いいたします！

2020年 10月 >>

以日文部落格為例 ，簡歷的字數大約是兩百三十個字，而左側部落格文章的內文大約是一千字，在這個例子中，主要內容與輔助內容的比率大約是 10:2，因此不會造成太大的問題。

不過，自我介紹如果有五百個字，文章字數卻只有四百個字可就不行了。主要內容的文章與輔助內容互相抗衡，最後可能導致網頁中的主要內容被埋沒。

主要內容與輔助內容的比率，請至少控制在 10:2 以內。

## 輔助內容的定義

根據 General Guidelines 的定義，輔助內容是「為了讓使用者從網頁中獲得更好的使用者體驗，但並不是直接達成網頁目的的內容。輔助內容是網站管理者可以管理的部分，在提供使用者體驗上扮演相當重要的角色。主要的輔助內容包含用來引導使用者前往站內其他網頁的導覽連結」。

● 輔助內容示意圖

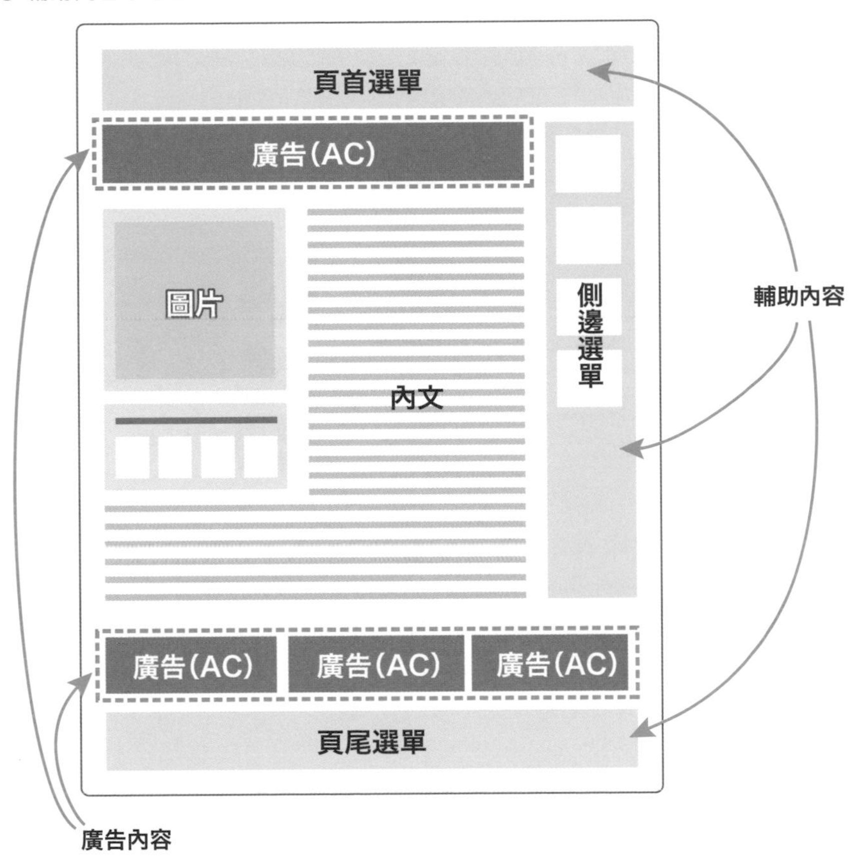

## 4　廣告內容（AC）

廣告內容指的是「為了產生收益而設置於頁面中的內容或連結」。

● General Guidelines 中廣告內容的示意圖

廣告內容是用來向使用者推銷商品與服務的內容。Google 對網頁評分時，並不會否定頁面中的廣告內容，但要是在網頁設置太多不必要的廣告，會讓使用者產生不好的使用者體驗，因此可能會導致評分下降。瀏覽頁面的用戶是因為想閱讀主要內容才會點擊進來，因此在閱讀主要內容時會造成干擾的廣告配置，應該要極力避免。

干擾閱讀主要內容的廣告有以下兩種類型。

① 主要內容的上方有大篇幅的廣告，或設置了許多廣告

② 主要內容中，多處設置不同廣告，或是重複設置相同廣告

① 就像下圖一樣，是在網頁上方集中設置廣告的類型。如果是這種情況，將刊登的廣告分散於網頁中的不同位置，在一定程度上可以減緩干擾閱讀的情況。

● 廣告集中在主要內容上方的情況

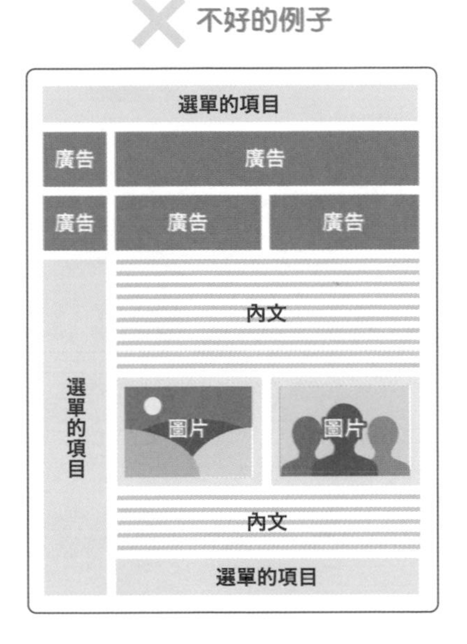


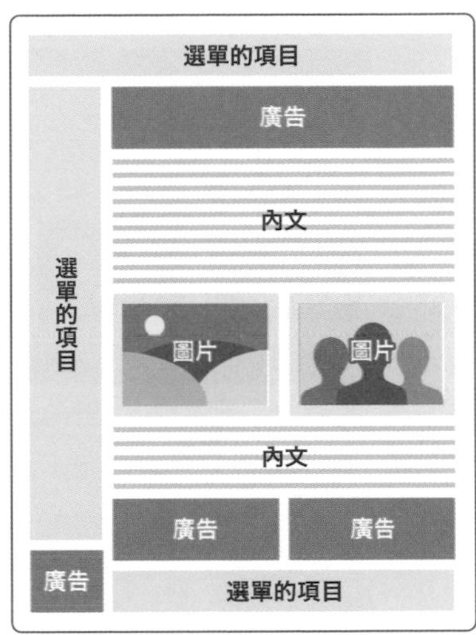


② 則是廣告頻率太高的情況，這種情況下必須要減少一定數量的廣告。

● 重複刊登廣告的情況

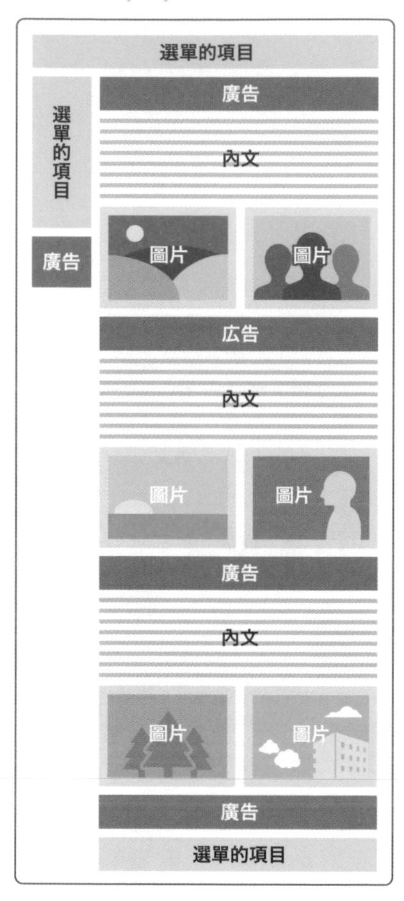


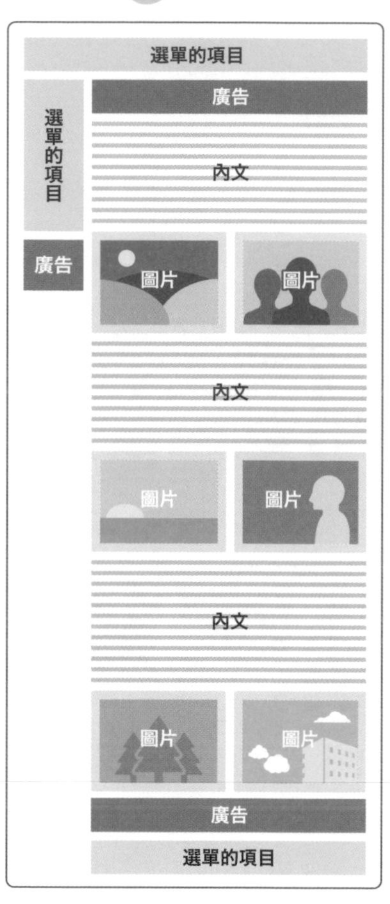


## 導向自家商品介紹的網頁連結也會被判定為廣告

除了其他公司的廣告外，導向自家商品介紹的網頁連結也算是廣告。

接下來的例子是我經營的部落格，網頁的右上方貼有一個導向 SEO 檢定介紹網站的圖片連結。

● 筆者經營的部落格網頁範例

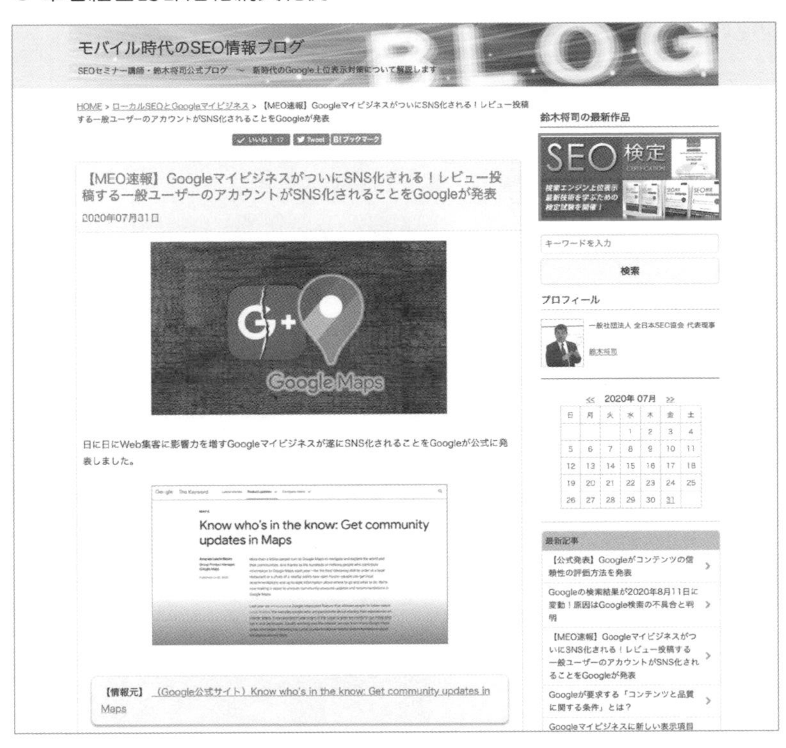


這個部落格與導向的 SEO 檢定網站都是由相同的組織經營，不過透過搜尋引擎點擊進入文章的用戶會認為兩者並不相關，而導向的網站並不是用戶有興趣的內容。由於是通往其他網站的連結，因此通往 SEO 檢定網站的圖片連結會被認定為類似橫幅廣告的廣告內容。

即使連結是將使用者導向自家公司經營的其他網站，也可能被視為廣告內容，因此這類的連結也要視同為其他公司的廣告內容。

## 5 充實主要內容

以上是主要內容、輔助內容、廣告內容的注意事項。

結論是「**充實主要內容並減少輔助內容與廣告內容**」，這樣一來，進入網站的用戶更可能獲得良好的使用者體驗，部落格的搜尋排名也更容易提升。

● 充實主要內容相當重要

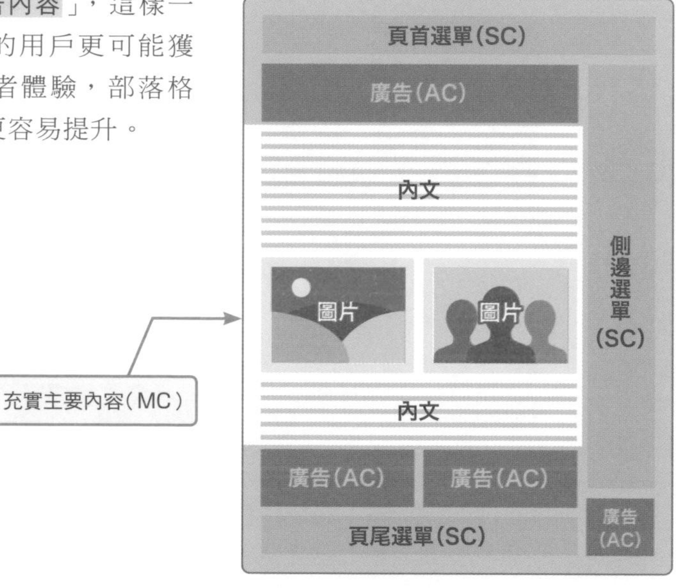


### 重點整理

- Google在辨識網頁時，會將網頁分為三大部分。
- 注意不要放入太多指向其他網頁的連結。
- 廣告內容太多，網頁的評分會下降。
- 經常留意主要內容必須要是網頁中內容最豐富的。

# 第3課 具有SEO優勢的文章主題

一起來了解有哪些文章主題具有SEO的優勢吧！寫出對讀者有幫助的文章，就是最能吸引顧客的秘訣。

# 01 使用者喜歡什麼樣的部落格文章

## 1 熱門文章與冷門文章的差異

接下來就要進入書寫文章的階段了，不過，貿然新增文章相當危險，如果沒有仔細思考要以什麼角度寫出什麼樣的文章，那麼即使上傳文章，之後的發展也不會順利。好不容易寫了文章卻無法提升 Google 的搜尋排名，也幾乎沒有讀者，是一件令人難受的事。

筆者在 2015 年開始寫部落格的時候，一直面臨這樣的情況，回頭看當時的自己，發現了一個無法提升搜尋排名，以及提升搜尋排名後也很少讀者回應的理由。

這個理由是「**錯誤的部落格書寫動機**」。

## 2 搜尋引擎使用者希望部落格具備的元素

筆者從經驗中逐漸得知讀者想要從部落格文章獲得的是什麼，答案是「**① 發現**」、「**② 學習**」、「**③ 娛樂**」、「**④ 療癒**」、「**⑤ 感動**」這五個元素。

不管是什麼樣的部落格文章，最少一定要具備這五個元素的其中一個，否則不要提文章的瀏覽次數了，就連提升搜尋排名都不可能。

接下來我將分別對各個元素進行說明。

● 搜尋引擎使用者需要部落格文章具備什麼元素

## ① 發現

「**發現**」指的並不是特別去學習某項知識，而是「了解（發現）了某項事實」，意思就是閱讀部落格文章時了解到片段的事實，例如「A 汽車的生產地在巴西」、「B 食物含有豐富的鈣質」等。

## ② 學習

「**學習**」則超越了「發現」的層級，是希望獲得某項知識，取得可以改善自己不足之處的資訊。以部落格文章來說，就像是「不想變胖，就要做 A、做 B、做 C」這類說明方法的文章，以及「X 病的病因是因為做了 Y，以及做了 Z」這類詳細說明原因的文章。

這些**指引文章**與**專欄文章**是許多部落格經營者積極書寫，並獲取造訪次數的文章型態。

## ③ 娛樂

「**娛樂**」就如字面所示，代表帶給讀者歡樂與趣味。以部落格文章來說，像是介紹觀光景點的文章，或是介紹軼聞趣事，讓讀者覺得好笑的文章。

### ④ 療癒

這裡的「**療癒**」指的並不是治療疾病，而是心理上的療癒。可愛動物的照片、介紹該動物平時情況的文章，還有能讓讀者忘卻每日辛勞的散文等。

### ⑤ 感動

「**感動**」是讀者因為讀了文章而感到意志高昂或深受感動的心情。

## 3 可以為讀者帶來某種好處的文章

筆者平時在書寫部落格文章時會留意一點，就是文章至少要具備「**① 發現**」元素，可以的話也會在文章中向讀者提供「**② 學習**」元素。寫部落格文章時重要的是秉持「**每次至少要送給讀者一樣東西**」的心情。

送給讀者的東西可能會是資訊或發現，如果無法送給讀者這些東西，那麼絕對不能貿然上傳文章。筆者在現階段能透過部落格文章送給讀者的禮物有「① 發現」或「② 學習」，只有在能夠提供讀者這兩個元素時，才會上傳部落格文章。

如果可以，筆者當然也希望提供讀者「③ 娛樂」、「④ 療癒」、「⑤ 感動」，不過人畢竟各有所長。而筆者認為，要增加網站的造訪次數，最少必須要提供給讀者「**① 發現**」、「**② 學習**」的其中一個元素。

## 4 「達成讀者的目的」對文章來說相當重要

書寫文章時，不能只是想用文字把部落格填滿，寫部落格如果只是為了達到作者的目的，就太過自我中心了。**只有達成讀者的目的，作者的目的才算是達成**。

**寫部落格這件事本身並不能成為目的**，部落格的經營者不能忘記自己寫部落格的初衷。上傳部落格文章的目的是為了讓讀者瀏覽文章，藉此吸引顧客，也就是說，目的應該是「有讀者閱讀」，而不是「寫部落格」。

要提升讀者閱讀的意願，一定要提供讀者「閱讀文章的好處」，因此在上傳文章時，必須放入第 98 頁說明的五個元素來吸引讀者。

在這裡我要跟大家分享自己失敗的經驗，筆者約莫五年前開始經營部落格，當時我的想法是「只要執行 SEO 策略，分享很多部落格文章，漸漸地部落格排名就會提升，網站的造訪次數也會增加吧」，這個想法非常天真，也有點自我中心。

下圖是我在 2015 年 1 月所寫的第一篇部落格文章。

● 筆者在部落格上傳的第一篇文章

透過應用程式招攬顧客的時代

2015年01月21日

今日拜訪的客戶自行開發了應用程式。

應用程式的名稱是 Fanista，是日本第一個支援以圖搜尋時尚資訊的應用程式。

https://fanista.co.jp/

用手機將喜歡的服飾拍照並以圖搜尋後，就可以找到相同的衣服，或是具有類似花紋與風格的服裝。

搜尋完成後可以直接在網路商店購買，也可以利用手機的位置資訊，依照自己的位置由近而遠找出販售該商品的商店資訊。

除了拍的照片之外，從網站取得的照片與圖片也可以用來搜尋。

應用程式的製作者親自向我們展示，我認為這個應用程式厲害到超乎想像，因此相當感動。

這邊文章其實在 SEO 技術方面也有問題，不過**最大的問題是完全沒有考量到讀者的需求，只是寫下自己當下可以寫的內容**，文章包含許多第二課所介紹的「部落格文章降低網站主頁排名的九大因素」。

在那之後，每個月就算寫了好幾篇文章，造訪次數依然沒有增加，而 Facebook 貼文幾乎沒有「讚」數的日子也一直持續。

## 因為上傳「較高需求主題」而出現轉機

開始經營部落格半年之後事情出現了轉機，筆者寫了一篇文章，標題是「都是因為部落格，才導致更多網站的搜尋排名下降！？」，這篇文章的主題是筆者擔任研討會講師與顧問時，聽到的許多人的煩惱。

### ● 作者所寫的第一篇熱門文章

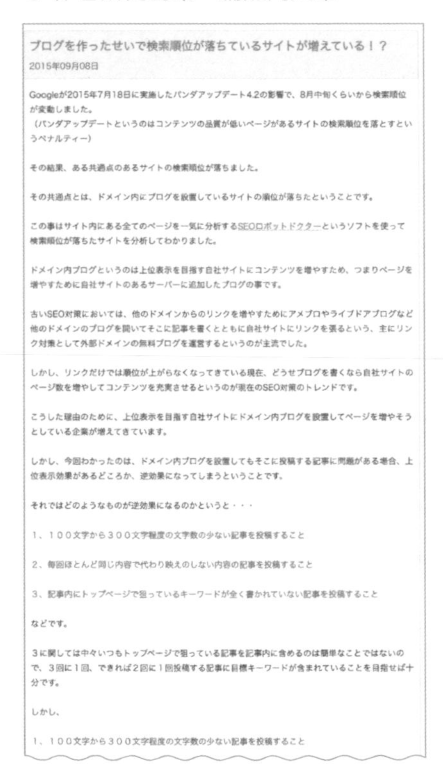

ブログを作ったせいで検索順位が落ちているサイトが増えている！？

2015年09月08日

Googleが2015年7月18日に実施したパンダアップデート4.2の影響で、8月中旬くらいから検索順位が変動しました。
（パンダアップデートというのはコンテンツの品質が低いページがあるサイトの検索順位を落とすというペナルティー）

その結果、ある共通点のあるサイトの検索順位が落ちました。

その共通点とは、ドメイン内にブログを設置しているサイトの順位が落ちたということです。

この事はサイト内にある全てのページを一気に分析するSEOロボットドクターというソフトを使って検索順位が落ちたサイトを分析してわかりました。

ドメイン内ブログというのは上位表示を目指す自社サイトにコンテンツを増やすため、つまりページを増やすために自社サイトのあるサーバーに追加したブログの事です。

古いSEO対策においては、他のドメインからのリンクを増やすためにアメブロやライブドアブログなど他のドメインのブログを開いてそこに記事を書くとともに自社サイトにリンクを張るという、主にリンク対策として外部ドメインの無料ブログを運営するというのが主流でした。

しかし、リンクだけでは順位が上がらなくなってきている現在、どうせブログを書くなら自社サイトのページ数を増やしてコンテンツを充実させるというのが現在のSEO対策のトレンドです。

こうした理由のために、上位表示を目指す自社サイトにドメイン内ブログを設置してページを増やそうとしている企業が増えてきています。

しかし、今回わかったのは、ドメイン内ブログを設置してもそこに投稿する記事に問題がある場合、上位表示効果があるどころか、逆効果になってしまうということです。

それではどのようなものが逆効果になるのかというと・・・

1、１００文字から３００文字程度の文字数の少ない記事を投稿すること

2、毎回ほとんど同じ内容で代わり映えのしない内容の記事を投稿すること

3、記事内にトップページで狙っているキーワードが全く書かれていない記事を投稿すること

などです。

３に関しては中々いつもトップページで狙っている記事を記事内に含めるのは簡単なことではないので、３回に１回、できれば２回に１回投稿する記事に目標キーワードが含まれていることを目指せば十分です。

しかし、

1、１００文字から３００文字程度の文字数の少ない記事を投稿すること

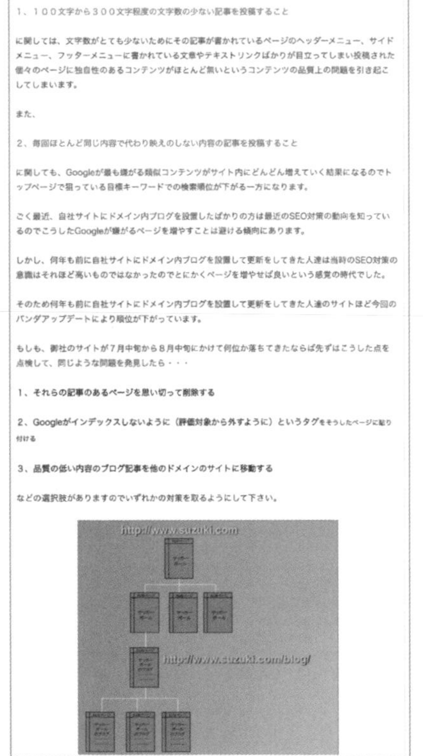

1、１００文字から３００文字程度の文字数の少ない記事を投稿すること

に関しては、文字数がとても少ないためにその記事が書かれているページのヘッダーメニュー、サイドメニュー、フッターメニューに書かれている文章やテキストリンクばかりが目立ってしまい投稿された個々のページに独自性のあるコンテンツがほとんど無いというコンテンツの品質上の問題を引き起こしてしまいます。

また、

2、毎回ほとんど同じ内容で代わり映えのしない内容の記事を投稿すること

に関しても、Googleが最も嫌がる類似コンテンツがサイト内にどんどん増えていく結果になるのでトップページで狙っている目標キーワードでの検索順位が下がる一方になります。

ごく最近、自社サイトにドメイン内ブログを設置したばかりの方は最近のSEO対策の動向を知っているのでこうしたGoogleが嫌がるページを増やすことは避ける傾向にあります。

しかし、何年も前に自社サイトにドメイン内ブログを設置して更新をしてきた人達は当時のSEO対策の意識はそれほど高いものではなかったのでとにかくページを増やせば良いという感覚の時代でした。

そのため何年も前に自社サイトにドメイン内ブログを設置して更新をしてきた人達のサイトほど今回のパンダアップデートにより順位が下がっています。

もしも、御社のサイトが７月中旬から８月中旬にかけて何位か落ちてきたならば先ずはこうした点を点検して、同じような問題を発見したら・・・

**1、それらの記事のあるページを思い切って削除する**

**2、Googleがインデックスしないように（評価対象から外すように）というタグ**をそうしたページに貼り付ける

**3、品質の低い内容のブログ記事を他のドメインのサイトに移動する**

などの選択肢がありますのでいずれかの対策を取るようにして下さい。

本篇文章的字數為 1,674 字，只有一張圖片，內容相當貧乏，然而這篇文章的搜尋排名卻很高，這是因為文章以許多人的煩惱為題，是「**較高需求的主題**」。

那時候筆者第一次感受到「文章一定要是深受讀者需求的主題」。

寫完這篇文章的隔天，查詢存取日誌分析（Google Analytics，Google 網站分析工具）時，發現原本一天五百人左右的造訪次數急速增加到將近五千人。設置於文章頁面中的 Facebook 的按「讚」數從原本的十，一下子增加到將近三百。

● 造訪次數增加那天，Google Analytics 顯示的資料

在那之後我就開始摸索讀者的需求，只有在發現需求時，才會寫文章滿足讀者，這樣做了大約一年以後，甚至有文章的造訪次數在一天以內就達到三萬七千以上。

● 文章上傳後，一天內瀏覽次數就高達三萬七千以上的單日造訪次數資料

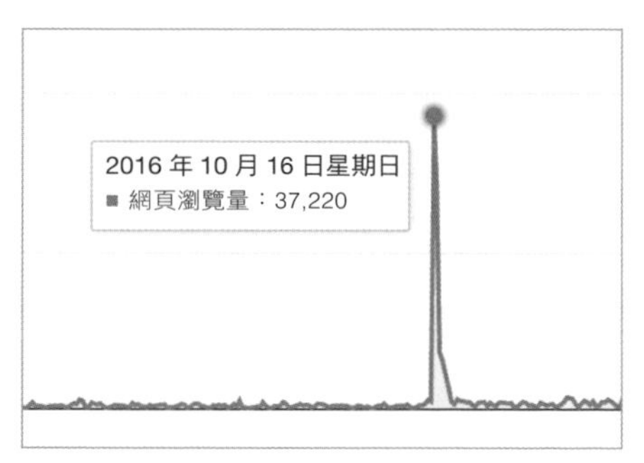

順帶一提，那篇部落格文章的主題是「【重大通知】Google 宣布區分手機版與電腦版！預計在未來幾個月內實施」（http://www.web-planners.net/blog/archives/000210.html）。在英文的文章發布以後，筆者比其他人快一步新增文章，用日文介紹給日本國內的讀者，並且以專家身分提供意見與建議因應方式。

商業部落格很容易加入「發現」與「學習」這兩個元素，因此筆者在此主要針對這兩個元素進行重點式的說明。

## 重點整理

- 讀者希望文章具備的是「發現」、「學習」、「娛樂」、「療癒」、「感動」這五大元素。
- 寫的文章要對讀者帶來某些幫助。
- 部落格文章不能只是為了寫而寫。

# 02 搜尋引擎使用者喜歡瀏覽的四種文章

## 1 搜尋引擎使用者想讀的文章有四種

在前一節我們說明了讀者需要文章具備的元素，這裡則會具體說明，讀者為了「**發現**」或「**學習**」，會希望瀏覽什麼樣的文章。

關於這點，其實只要回想自己在 Google 搜尋資料的情況，大概就可以知道了，讀者想要讀的文章至少有以下四個種類。

## 2 ① 該領域專家所寫的文章

讀者會希望文章具有可信度，因此比起一般人，領域專家所寫的文章會更有價值，這代表，自己在寫部落格文章時，選擇自己專業領域的主題會更容易成功。

如果像是醫療與法律這種必須具備資格才能成為專家的領域，就要由持有資格的專業人士書寫，或是請專家審閱，若是該領域沒有特別需要具備的資格，可能就需要擁有相關的業務經驗。如果是與興趣相關的領域，就可以思考自己在該領域投入多長時間，或是投注多少熱情，是否有足夠的經驗與知識等。

如同第一課的說明，Google 對於這一點也訂下 **E-A-T**（**專業度**、**權威性**、**可信度**）的基準並嚴格進行確認，因此一定要特別留意。

# 3　② 根據親身經歷所寫的文章

讀者還希望文章具備一個條件，那就是「**文章內容是由作者根據親身經驗所寫**」。

寫沖繩旅行文章的人沒有去過沖繩，寫滑雪文章的人沒有滑雪經驗，寫出的文章應該很難獲得讀者的共鳴。

就算是律師寫的法律相關文章，沒有處理過繼承問題的律師與處理過繼承問題的律師相比，文章的說服力還是有所差距，前者應該很難獲得讀者的共鳴。

## 文章要寫第一手資訊

一般來說，資訊可以分類如下。

- 第一手資訊……親身經歷
- 第二手資訊……聽來的資訊
- 第三手資訊……來源不明的資訊

一般來說從第一手、第二手，一直到第三手資訊，資訊的可信度與稀少性會越來越低。網路上很容易就能獲得各式各樣的資訊，不過大部分都是聽說的資訊，或是複製新聞內容，幾乎都是第二手、第三手資訊，第一手資訊相當稀少。網路資訊的品質參差不齊，因此請盡可能在部落格提供具有稀少性、可信度高，而且要是第一手的資訊。

獲得第一手資訊的方法有幾種，如果是技術類的文章，可以實際嘗試使用裝置與軟體，若是與程式設計相關，那麼原始碼的呈現就相當重要。另外，有些文章主題使用採訪的方式也很有效果，例如自己心中產生疑問後，直接詢問服務供應商等，再將結果寫為部落格文章，就會變成非常有用的資訊。

## 4 ③ 基於客觀事實寫出的文章

讀者比較偏好基於客觀事實所寫的文章，而非個人妄想與跳躍式的思考內容。文章的一部分當然可以書寫個人意見，不過要具有說服力，就需要提供論點的依據，在文章裡主張某個論點時，請務必要留意這一點。

提供依據的代表性方法的是**引用依據**。對於提供相關依據的外部網站文章，可以視需求引用需要的部份（約一到兩行），並明確寫下資料來源。或是也可以寫下「**參考資料**」、「**參考網站**」、「**出處**」等標題，同時貼上提供參考資料的外部網站連結。

### ● 引用 Google 官方發布內容的文章

Google 正式提出警告，盡可能不要將部分自有網域借給他人。

*“We've been asked if third-parties can host content in subdomains or subfolders of another's domain. It's not against our guidelines. But as the practice has grown, our systems are being improved to better know when such content is independent of the main site & treat accordingly.”*

『有人詢問我們，第三方借用他人網域名稱的子網域或子目錄架設網站，是否會造成他人困擾，雖然這樣的行為並不違反本公司的準則，不過，由於越來越多人採用這樣的做法，我們正在持續改善 Google 搜尋的演算法，以區別借用他人網域名稱的網站以及原本就使用該網域名稱的企業網站，將兩者視為不同網站獨立評分。』

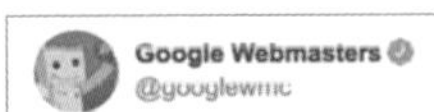


We've been asked if third-parties can host content in subdomains or subfolders of another's domain. It's not against our guidelines. But as the practice has grown, our systems are being improved to better know when such content is independent of the main site & treat accordingly.

ツイートを翻訳

午前4:46 · 2019年8月15日 · Twitter Web App

153件のリツイート　293件のいいね

● 以「參考網站」為標題，並附上連結的文章範例

藉由及早處置，不只能睡得舒適，還能保持健康，防止重大疾病。

參考網站

增加高血壓、夜間猝死、腦中風／腦梗塞風險的疾病

出典：無呼吸ラボ

## 5 ④ 含有獨特資訊的文章

要寫出受人歡迎的文章還要記得一件事，那就是提供讀者在其他部落格讀不到的，只有你的文章才有的「**獨特資訊**」。

如果部落格文章寫的都是其他部落格也有的資訊，很可能會埋沒在眾多的部落格之中，很難讓讀者產生「想要再來這個部落格瀏覽文章」的想法。每次都要加入獨特的資訊難度或許很高，但寫文章時還是必須留意這點。

可以加上自己獨特的意見，如果很難透過文字差異化，也可以上傳特別的圖片，想辦法讓讀者留下強烈的印象，努力讓讀者知道並記得自己的部落格！

### 重點整理

- 搜尋使用者想要瀏覽的文章有四種。
- 專家寫的文章、屬於經驗分享與第一手資訊的文章、立場客觀的文章、含有獨特資訊的文章等。

# 03 由誰來書寫部落格文章？

## 1 由專家或是經驗豐富者寫作

在前一節也說明了，讀者喜歡閱讀的文章元素包含「**專家所寫的文章**」與「**經驗分享**」。無法提升搜尋排名，或者是造訪次數較少的部落格有一個特徵，那就是「錯的人寫了錯的主題」。

在寫文章之前請問問自己是否具有足夠的專業度或經驗，如果答案是NO，請訪問專家或有經驗的人，收集資訊之後再寫成文章，另外，請對方協助編寫文章也是一種方式。

### 如果是企業，也可以由不同作者負責不同領域的文章

如果是企業為了招攬顧客而經營的部落格，也可以由多名作者針對各自擅長的領域寫作。

當然也可以指定一位人員負責部落格的經營與寫作，但是一個人寫出那麼多高專業度的文章相當不容易。有些人可能認為部落格的領域分散「應該會偏離部落格的主題吧？」，不過，這就像是醫師也分為小兒科、腦神經外科、婦產科等專業一樣，即使是特定領域，也應該會有不同專業的範疇。

就算負責寫部落格文章的人具備特定領域的專業知識與經驗，一直上傳特定領域的文章，很可能讀者並不會增加，如此一來也看不到營收成長的可能性。

這種情況下，最好可以依照不同的專業領域，由具備不同專業知識與經驗的人員書寫部落格文章，請調查公司員工分別具有什麼樣的專業知識與經驗吧。即使現在找不到，很可能有一天也會找到適合書寫特定領域文章的人員。

## 2 委託具有該領域知識、經驗的外部作家執筆

如果前面提到的方法不易執行，那麼下定決心將文章委由公司外部人員書寫也是一個方式。

以下例子是筆者的客戶，一家不動產公司的專欄文章，在「髮廊創業融資」的關鍵字下搜尋排名很高。

● 在「髮廊創業　融資」的關鍵字下，搜尋排名很高的專欄文章
（http://hairsalon-design.com/know-how/2610/）

讓前銀行行員告訴你，髮廊創業的融資面談問什麼

創業者想要向銀行借錢開髮廊的時候，一開始會去那裡諮詢融資相關事宜呢？沒錯，就是日本政策金融公庫！日本政策金融公庫是以振興產業／經濟為目的而設立的公營金融機構，因此對於企圖開創新事業的創業家積極地提供融資。

當然，也有許多向髮廊創業者提供融資的實際案例，不過就算是公營機構，辦理的畢竟是融資，因此一定不會缺少審核這個步驟。如果創業者尚未創業，由於沒有實際的經營情況，因此更會受到嚴格的審查。

而這篇文章將會詳細解說，為了開設髮廊向公庫申請融資時，審核人員在融資面談時會詢問創業者哪些問題。

由於筆者本身曾擔任過銀行行員，具備豐富的融資面談經驗，因此在說明時會加入親身經驗，提供更詳細的解說。

作者資料

QANAETE 融資專欄作家　nobu-shige

曾在地方銀行服務三十年，在職期間長時間服務於主力分行，擔任職務以業務為主軸，具有豐富的融資經驗，曾經辦理的業務囊括企業融資與個人貸款。此外，工作期間也被銀行選為新創企業融資開發組的成員，長時間站在中小企業融資的第一現場，也曾任職於總行，因此熟知勞資問題與各種福利制度。希望能運用銀行工作帶來的經驗與知識，為讀者提供有幫助的文章。

RECENT POSTS

- 美容室開業時の融資審査では職務経歴の何を確認されている？
- 美容室開業の融資に日本政策金融公庫が選ばれる理由とは？
- 美容室の開業融資、面談で審査に落ちる人の傾向は?
- 美容師が独立するために最適な年齢とは？
- 美容室経営者に直撃！開業時の自己資金はいくら？融資で借りたお金はどれくらい？
- 美容室の開業には資格が必要？美容師免許だけではダメ？
- 保健所で行う「美容室の開業届け」はどんな手続きをする？
- 美容室開業時に税務署へ提出する「開業届け」とは？
- 美容室工事のトラブルを予防！物件ごとに確認したいポイントを徹底解説
- 美容室に適したレイアウトとは？開業時に抑えておきたい重要ポイント
- 美容室開業前に知っておきたい居抜き物件のメリット・デメリット
- 居住用マンションで美容室は開業できる？
- 美容室工事に必要な費用はどう決まる？
- 絶対に失敗できない！美容

不動產公司的網路行銷負責人為了讓髮廊創業支援服務的潛在顧客認識自己的公司，認為需要上傳一篇文章，以髮廊創業者一開始的煩惱，也就是「融資」問題為主題。然而，由於這間公司是不動產公司，並沒有員工具備開設髮廊的融資專業知識與經驗。

因此，為了在網路上尋找自由接案的文字寫作者，就透過 Crowdworks 與 Lancers 等日本外包網站，委託具有融資業務經驗的前銀行行員書寫文章。

結果，不動產公司得到確實具有經驗的作者所寫的文章，並抓住讀者的心，成功提升搜尋排名。

像這樣，不應該由自己書寫的文章主題，就可以委託該領域的專家協助。

文章作者也會有適合寫與不適合寫的主題，因此有些主題也可以付費委外書寫。

## 重點整理

- 專業度高的文章，可以採訪專家，或是請專家協助書寫。
- 企業經營的部落格可以依照不同專業領域，交由不同人員書寫。
- 也可以委託外部的文字寫作者書寫文章。

# 04 最熱門的文章是針對初學者所寫的入門文章

## 1 文章主題與內容艱澀的部落格，是失敗的部落格

失敗的部落格有一個特徵，那就是**文章的主題與內容相當艱澀**。

多數讀者對於太過艱澀的文章不感興趣，就算閱讀了，也會因為難度太高而中途放棄。

如果希望提升搜尋排名，那麼將目標設定為找到利基市場並獲得第一名並沒有錯，然而，應該有許多人都是將目標設定為提升搜尋排名，藉此「增加造訪次數（招攬客人）」。

### 不利於 SEO 的兩個理由

如果文章的主題艱澀，大多數的搜尋引擎使用者其實並不感興趣，因此，就算提升了搜尋排名，大部分的人並不會點擊並造訪網站。如同第一課說明的，網站的**造訪次數**（**流量**）是決定搜尋排名的因素之一，因此，沒有流量可能導致搜尋排名逐漸下降。

此外，就算有少數人對文章有興趣並造訪部落格，難度太高的文章也會讓讀者讀到一半就放棄。這樣一來，跳出率會提升，**訪客互動的程度也會惡化**，因此部落格整體的評分會有下降的風險。

## 2 預設的部落格目標讀者群？

為了避免陷入這樣的惡性循環，必須盡可能將部落格的目標讀者群放寬。

不要只以對文章領域具有一定知識的讀者為對象，提供許多讓完全沒有相關知識的讀者以及初學者閱讀的文章相當重要。

部落格的文章標題盡可能使用右側的詞彙，以「初學者也可以理解」這點來吸引讀者。

- 初學者必讀！
- 入門
- 第一次
- 零基礎也 OK
- 從現在開始

● 針對初學者所寫文章的範例

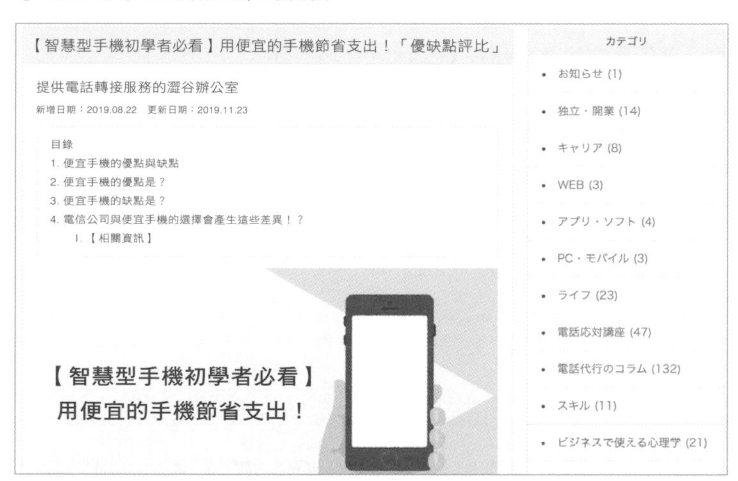


## 重點整理

- 如果目的是招攬客戶，就應該要避免文章主題太過艱澀，以初學者為部落格的目標讀者。
- 標題也應該要明確指出文章是「以初學者為對象」、「內容簡單」，以吸引讀者。

# 05 分析「哪些主題的需求較高」

## 1 滿足讀者需求的文章，就會有好的 Google 搜尋排名

實際上在 Google 有較好排名的部落格文章，除去部分的例外以後，都是能滿足讀者需求的文章。

● 讀者需求較高的部落格文章會顯示在 Google 搜尋頁面

Google　美股　日幣交割　手續費

www.motleyfool.co.jp › archives
美股建議用日幣還是外部交割？
2019/10/05 — しかし**米国株**に限らず外国株を取引する際には、**円貨決済**・外貨決済のどちらを選ぶかで取引にかかるコストが大きく変わってきます。 外国株取引をする際には、取引**手数料**だけでなく**円貨決済**・外貨決済のメリット・ ...

chiebukuro.yahoo.co.jp › search › p=円貨決済
「日幣交割」相關問題－ Yahoo 知識
**円貨決済**に関するQ&Aの一覧ページです。「**円貨決済**」に関連する疑問をYahoo!知恵袋 ... **米国株**投資について **円貨決済**と外貨決済がありますが**円貨決済**だと為替**手数料**がかかるため外貨決済の... 外貨決済のが良いふうになっているんですが ...

setsuyakumannaru.hatenablog.com › entry › 2019/03/06
【學習】想買美股，但日幣交割與外幣交割……
2019/03/06 — もし保有する外国株を売却した場合、投資家の懐に入ってくるお金は日本円に両替されて入ってきます。 メリット. ・手間が少ない. デメリット. ・為替**手数料**が割高. ※**円貨決済**では1ドルあたり25銭の為替 ...

www.rakuten-sec.co.jp › web › learn › seminar › pdf　PDF
投資初學者也適合！美股投資的魅力與基礎……樂天證券
2020/06/27 — **米国株式**の売却時は上記の**手数料**に加え、別途SEC Fee（米国現地取引所**手数料**）がかかります。詳しく ... 楽天証券の**米国株式**取引ルール. 取引**手数料**. 約定代金×0.45%. （0米ドル～上限20米ドル）. 為替**手数料**（**円貨決済**）.

watashi-channel.net › 米株
美股以日幣交割還是外幣交割較划算？【結論是外幣……

不過，只是告訴各位「滿足讀者的需求」，應該還是不太明白具體上讀者對那些主題的需求較高吧？因此，這裡將列出在實際搜尋結果中擁有較高排名的主題之分析結果。

## 2 容易獲得較高搜尋排名的文章主題是？

實際分析 Google 搜尋中排名較高的部落格文章主題後，發現以下主題在搜尋排名有良好表現的例子較多。

① 新聞解說

② 說明意思

③ 說明「～方法」

④ 分析優點與缺點

⑤ 彙整成功案例、失敗案例

⑥ 諮詢案例

⑦ 價格與費用行情

⑧ 說明 A 與 B 的差異

⑨ 商品、服務的評價、感想

⑩ 多項商品與服務的評比、比較、排名

⑪ 經驗分享

⑫～的種類

接下來將逐一解說。

## 3 ①新聞解說

「**新聞解說**」是筆者在寫部落格文章時經常選擇的主題，如果發現國內外的新聞可能會影響到自己的潛在讀者，就會在文章中說明新聞的概要，以及可能對讀者產生的影響，在文章的最後也會進一步**提議因應方式**。

### ● 筆者部落格的新聞文章範例

【快訊】Google 宣布實施「2020 年 5 月核心演算法更新」！新冠疫情以來首度實施

2020年05月06日

Googleは2020年5月4日に新型コロナウイルス発生後、初のコアアップデートを実施したことを発表しました。

Google SearchLiaison @searchliaison · 21時間

Later today, we are releasing a broad core algorithm update, as we do several times per year. It is called the May 2020 Core Update. Our guidance about such updates remains as we've covered before. Please see this blog post for more about that:

What webmasters should know about Google's core ...
Official news on crawling and indexing sites for the Google index
webmasters.googleblog.com

このスレッドを表示

【情報元】 Google SearchLiaison

2020年にはコアアップデートを1月の第二週に1度実施したので、今回のコアアップデートは２回目の実施になり正式名は「2020年5月コアアップデート」です。

コアアップデートはこれまでのGoogleの公式見解によると主にクエリ＝検索キーワードとコンテンツの関連性についてのアルゴリズムアップデートです。

つまりユーザーが検索したクエリとページの中にあるコンテンツに関連性が高いと上位表示して、低いと順位が下がるというものです。

これまで当ブログではコアアップデートの復旧対策を：

- Googleコアアップデートとは何か？2018年から2019年に立て続けに実施されたアルゴリズムアップデートの意味
- コアアップデートの実施後、文字数が多すぎるページの順位が落ちた！検索順位回復の具体策
- コアアップデートで検索順位が落ちたサイトの５つの共通点と復旧対策

などで提案してきましたが、今後も具体的な復旧対策を提案していきます。

実は、コアアップデートには関連性を高めるという対策以外にもいくつかの対策があります。

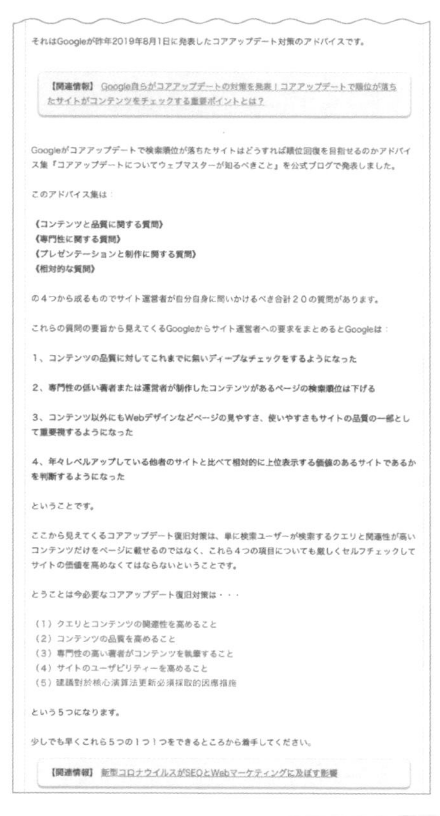

それはGoogleが昨年2019年8月1日に発表したコアアップデート対策のアドバイスです。

【関連情報】 Google自らがコアアップデートの対策を発表！コアアップデートで順位が落ちたサイトがコンテンツをチェックする重要ポイントとは？

Googleがコアアップデートで検索順位が落ちたサイトはどうすれば順位回復を目指せるのかアドバイス集『コアアップデートについてウェブマスターが知るべきこと』を公式ブログで発表しました。

このアドバイス集は：

《コンテンツと品質に関する質問》
《専門性に関する質問》
《プレゼンテーションと制作に関する質問》
《相対的な質問》

の４つから成るものでサイト運営者が自分自身に問いかけるべき合計２０の質問があります。

これらの質問の要旨から見えてくるGoogleからサイト運営者への要求をまとめるとGoogleは：

1、コンテンツの品質に対してこれまでに無いディープなチェックをするようになった

2、専門性の低い著者または運営者が制作したコンテンツがあるページの検索順位は下げる

3、コンテンツ以外にもWebデザインなどページの見やすさ、使いやすさもサイトの品質の一部として重要視するようになった

4、年々レベルアップしている他者のサイトと比べて相対的に上位表示する価値のあるサイトであるかを判断するようになった

ということです。

ここから見えてくるコアアップデート復旧対策は、単に検索ユーザーが検索するクエリと関連性が高いコンテンツだけをページに載せるのではなく、これら４つの項目についても厳しくセルフチェックしてサイトの価値を高めなくてはならないということです。

とうことは今必要なコアアップデート復旧対策は・・・

（1）クエリとコンテンツの関連性を高めること
（2）コンテンツの品質を高めること
（3）専門性の高い著者がコンテンツを執筆すること
（4）サイトのユーザビリティーを高めること
（5）建議對於核心演算法更新必須採取的因應措施

という５つになります。

少しでも早くこれら５つの１つ１つをできるところから着手してください。

【関連情報】 新型コロナウイルスがSEOとWebマーケティングに及ぼす影響

## 新聞的資訊來源

要寫出有說服力的新聞解說，就要掌握幾個可以信賴的資訊來源，建議可以找幾個業界新聞網站、國外相同產界的業界新聞網站，以及追蹤 Twitter 與 Facebook 等會在社群軟體即時發布訊息的網路名人與企業。

新聞會有以下的資訊來源。

● 新聞的資訊來源

- 國內的業界新聞網站與社群軟體帳戶
- 國外的業界新聞網站與社群軟體帳戶
- 大學與研究機構的官方網站與社群軟體帳戶
- 監管的政府單位、政府官方網站與社群軟體帳戶
- 製造商與業界中主要企業的官方網站與社群軟體帳戶
- 「PRTIMES」等提供新聞稿發布企業的官方網站與社群軟體帳戶
- 公布各種調查結果的網站，例如「調査のチカラ（暫譯：調查的力量）」等統整問卷結果的網站與社群軟體帳戶
- 在業界具有影響力的部落客、網路名人的部落格與社群軟體帳戶

● 新聞稿發布服務企業的官方網站範例（https://prtimes.jp）

● 問卷結果統整網站的範例（https://chosa.itmedia.co.jp/）

## 引用新聞的注意事項

請避免將其他網站發布的新聞稿完整轉載到自己的部落格，這是為了避免著作權的問題以及搜尋排名下降的風險。

引用時只要轉載標題等幾行文字，並且明確標示出處，而且務必貼上連結，指出刊登新聞的原始網站。

● 貼上連結指向資料來源網站的部落格文章範例

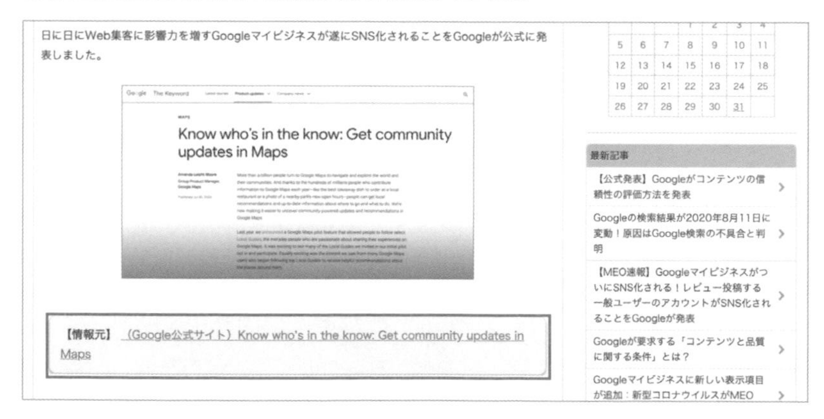

只要遵守上述引用文章的原則，基本上就不會產生著作權的問題，因為「引用」是著作權法所認同的權利。引用的條件是「明確標示出處」、「引用的文章與解說的文章可以明確區隔」、「並沒有改編引用的文章」等，只要遵守這些條件，就不需要徵詢引用對象的同意。

採取適當的方式引用新聞，對於受到引用的網站其實也有好處，因為連結可以讓網站的造訪次數增加，而且讀者也可以透過瀏覽原始網站來確認資訊的可信度。

### 轉載文章的比例太高評分將會下降

轉載太多新聞文章可能會導致部落格的評分下降，在第二課也曾經提過，Google 對於內容原創性高的網頁評分較高，因此，部落格文章中複製新聞內容的字數越多，對於提升排名就越不利。從其他網站轉載文章時，**無論如何都請限制在整體文章的百分之二十以下**。

貼上新聞來源網站的連結，對於提升 Google 重視的 E-A-T（專業度、權威性、可信度）的 T（Trust：可信度）也是有所幫助的。

## 4　② 意思的說明

「**意思的說明**」其實只是說明特定的詞彙與概念，是最簡單的文章型態。

**寫單純說明意思的部落格文章時，時機非常重要**，一旦出現世界上還沒什麼人知道的新概念與詞彙、技術、服務時，就**盡可能早一點寫下意思說明的文章吧**，這樣一來，就算內容字數有點少，排名也會比較容易提升，因為競爭較少，而且在第一時間就發布文章，會讓搜尋結果頁面上累積的點擊次數變得更高，也較容易維持 Google 的高評分。

## 解決文章字數不足的技巧

不過，如果只是單純說明意思的文章，頁面的字數會非常少，大約會在兩百字左右，以 SEO 的角度看來，網頁中的字數也是相當重要的元素，因此盡可能還是要解決這個問題。

要克服這個對 SEO 不利的因素，就必須從以下幾點著手。

- 加上自己的說明
- 寫下自己的意見，就算只有一點點也可以
- 加入例子與假設的情境等
- 與其他相似概念進行比較
- 為了讓讀者更容易理解，盡可能加入許多的圖表、插圖、照片等
- 尋找部落格中其他高度相關的文章，以加上相關資訊的方式貼上連結
- 相關性較高，且對讀者蒐集資料有所幫助的參考網站與資料來源網站，就貼上外部連結

● 解決字數不足的技巧

● 說明日文法律用語「分別の利益」的文章範例
（http://www.yotsubasougou.jp/2018/11/05/scholarship/）

部落格
其他法律問題

奨學金問題～「分別の利益」是什麼？

公開日: 2018年11月5日 | カテゴリー: 企業法務ブログ, その他法律問題

先日日本学生支援機構の奨学金の回収手法に問題があったことが報じられていました。

この問題では「分別の利益」という法律用語がキーワードになっています。
一般の方からすると少し耳慣れない言葉だと思いますが、民法を学んだことがある方であれば保証の項で学んだことが思い出されるかもしれません。

1　「分別の利益」とは

まず「分別の利益」とはいったい何なのでしょうか。

通常の保証の場合、保証人が自身のみ（1人）であれば、借りた人が払うべき金額を、全額支払わなければなりません。
これが、保証人が複数いる場合、借りた人が払うべき金額を、その頭数で按分した額のみ支払えばよいと民法上されています。
今回の日本学生支援機構の場合、連帯保証人として父と母を、通常の保証人として4親等以内の親族を

カテゴリー
› 企業法務ブログ (94)
» 企業 (19)
» 相続 (4)
» 事業承継 (3)
» その他法律問題 (18)
» 労働問題 (39)
› 新着情報 (113)
» 更新情報 (85)
» セミナー情報 (27)
› 未分類 (1)

アーカイブ
› 2020年(48)
› 2019年(106)
› 2018年(46)

## 5　③ 說明「～方法」

有時候「做某件事的方法」的解說文章會有不錯的搜尋排名，而「做某件事的方法」這個主題可以再細分為以下幾類。

使用～的方法（使用方式）
查詢～的方法（查詢方式）
看～的方法（看法）
選～的方法（選擇方式）
做～的方法（做法）
寫～的方法（寫法）
解決～的方法（解決方式）

筆者在提供顧問服務時曾經接獲這樣的問題——「**能不能用電腦瀏覽行動裝置網站**」（在電腦上模擬行動裝置網站），我認為將這個主題寫為部落格文章應該會有讀者想看，因此花了三十分鐘的時間新增一篇部落格文章，主題是「用電腦瀏覽行動裝置網站的方法」。

## ●「在電腦上瀏覽行動裝置網站的方法」

パソコンでモバイルサイトを見る方法《モバイルファーストインデックス導入への準備》

2018年03月25日



Googleの発表によると、もうすぐモバイルファーストインデックスの導入により私達のモバイルサイトの中身を見てGoogleがモバイル版Googleだけでなく、PC版Googleの検索結果を決めるようになります。

そうなるとサイト運営者はいつも自社のPCサイトではなく、モバイルサイトのほうに多くの注意を払う必要が生じます。

しかし、現実には仕事で自社サイトを見る時は、パソコンで見ることがほとんどであり、パソコンで自社サイトを見るとPCサイトがブラウザに表示されるため、自然とPCサイトのほうばかりに目がいってしまう傾向があります。

この問題を解決するためにはパソコン上でモバイルサイトを見る環境が必要です。

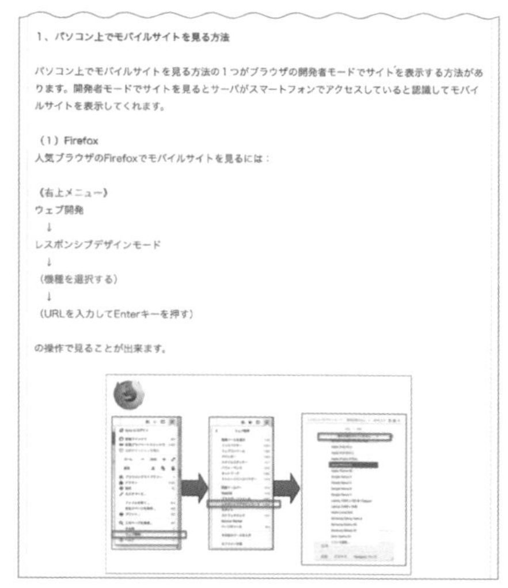

1、パソコン上でモバイルサイトを見る方法

パソコン上でモバイルサイトを見る方法の１つがブラウザの開発者モードでサイトを表示する方法があります。開発者モードでサイトを見るとサーバがスマートフォンでアクセスしていると認識してモバイルサイトを表示してくれます。

（1）Firefox
人気ブラウザのFirefoxでモバイルサイトを見るには：

《右上メニュー》
ウェブ開発
↓
レスポンシブデザインモード
↓
（機種を選択する）
↓
（URLを入力してEnterキーを押す）

の操作で見ることが出来ます。

一年後，以「用電腦瀏覽行動裝置網站的方法」、「用電腦看行動裝置網站」等關鍵字搜尋時，這個網頁就顯示在第一筆結果，到今日為止已經有超過一萬名以上的用戶閱讀。

● 部落格文章「用電腦瀏覽行動裝置網站的方法」的造訪次數分析資料

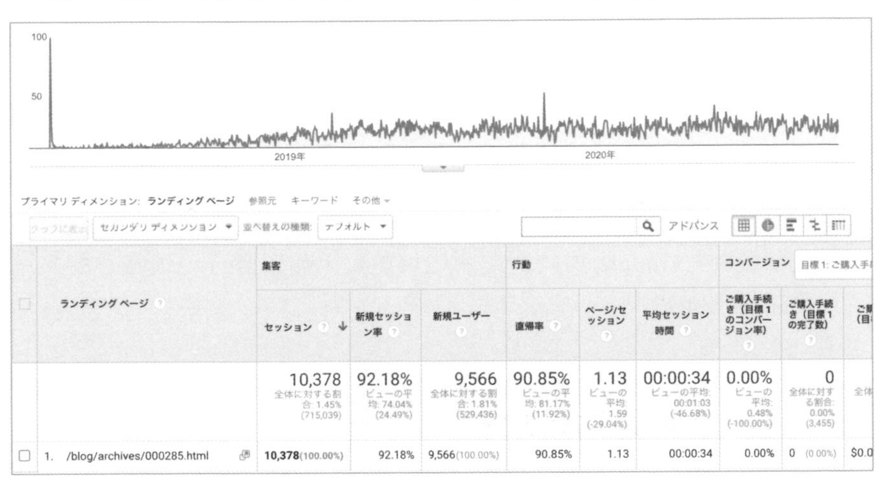


## 提升排名大約要多少時間？

即使上傳部落格文章，也幾乎不會馬上就有很好的排名，除非上傳文章是競爭程度還很低的新主題，或者是很受歡迎，造訪次數極高的知名部落格，不然一般來說新增的文章不會一下子就成為搜尋結果的第一名或第二名。

雖然還不確定為什麼，不過理由可能是 Google 在決定搜尋排名時，會將「造訪次數多寡（流量）」作為評分標準之一。新增的文章即使寫得再好，其他部落格通常也會有相同主題的文章，先上傳的文章累積的造訪次數比較多，因此獲得比較高的評分。

## 解決對於新增網頁的不公平性，「Google Honeymoon」

然而這樣的機制也引起用戶擔心，新的文章評分較低，搜尋引擎使用者幾乎不可能會看到。造訪次數較多的舊文章經常都排在搜尋的前幾筆結果，新增文章的造訪次數則沒有機會成長。

據說 Google 為了減輕這種不公平的現象，讓使用者也能看到新的文章，會暫時提升新文章的排名，一般認為，Google 會在幾天到一周左右的指定時間內，對還沒有實際成果的新文章評估點擊率與瀏覽情況，使用者進入網站後是否長時間閱讀等。而這種暫時調高搜尋排名，讓使用者得以看到新增文章的機制，一般稱為「**Google Honeymoon**（蜜月期）」。

透過這個機制，Google 對於新文章也可以公平給予評分，讓優秀的文章能夠藉此提升排名。

## 6　④ 分析優點與缺點

分析特定商品的優點與缺點也很受讀者歡迎，我們可以推測出大部分喜歡閱讀這些主題的讀者，都**對於購買該商品與服務感到興趣**，因此，提升搜尋排名很可能直接促使營收提升，是一個很重要的主題。

● 「植牙　治療　優點」的 Google 搜尋結果頁面

Google　植牙　治療　優點

https://www.lin-perio.com › dental-implant-pros-and-co...
植牙優缺點大解析，植牙優點缺點一篇文章直接告訴您 - 林士峻 ...
近年來人工植牙已經蔚為解決缺牙問題的靈丹妙藥，在網路上提到植牙優點多到 ... 台北牙醫推薦—林士峻醫師決定用一篇文章的篇幅來簡單總結植牙優缺點，讓您在治療前更有 ...

http://www.shining-dent.com › implant03
人工植牙的優點 - 耀美牙醫診所
1.健康的牙齒可完全保留，免磨或少磨鄰接牙，使兩邊牙齒完好不變，甚至鄰牙有牙周病時，可順便治療作補骨手術，使之更健康、穩固；傳統的牙橋製作須將前後牙齒修磨小，而 ...
植體支撐全口固定式假牙：部分式缺牙植牙

https://www.denthsu.com › artificial_implant
【植牙必讀】人工植牙7 大常見問題說明！流程、費用
人工植牙是缺牙需進行假牙治療時，醫師最常建議的方式，也因安全、穩定的優點，讓越來越多患者因植牙重拾健康的生活品質，而植牙選擇眾多，費用落差大，應如何選擇評價 ...

https://www.youtube.com › watch
缺牙怎麼治療植牙假牙優缺點解析 - YouTube

缺牙怎麼治療? 植牙.假牙優缺點解析單顆人工植牙優點不必破壞兩邊牙齒清潔不夠引發植牙牙周 ...
2018年9月17日 · 上傳者：台視樂活頻道

https://www.topimplant.com.tw › dental-implant-shortc...

## 7　⑤ 彙整成功案例、失敗案例

正在評估是否購買商品、服務的潛在客戶（使用者）還喜歡看一種主題，那就是「**成功案例、失敗案例的彙整**」文章。

舉例來說，假設評估是否將業務活動外包的企業窗口使用「業務外包　成功案例」的關鍵字搜尋，這時提供外包服務的企業若是透過部落格文章介紹成功案例，而且內容具體，簡單易懂，那麼很可能可以直接接到訂單。

● 「業務外包　成功案例」的 Google 搜尋結果頁面

## 8　⑥ 諮詢案例

以諮詢案例為主題的文章也一樣可以吸引潛在顧客。如果以既有客戶的諮詢案例為主題，並採用 Q&A 問答集的方式寫為文章，對這篇文章有共鳴的搜尋引擎使用者就會對企業產生信任感，促成進一步交易的可能性。

下一個例子是筆者客戶的網站，是牙科醫院網站 Q&A 問答集的網頁，以採用氧化鋯與陶瓷進行治療的差異（兩者都是用來治療牙齒的材料）為題，新增一篇 Q&A 形式的部落格文章，在半年左右就成為「氧化鋯　陶瓷　差異」關鍵字的搜尋結果第一名。

● 以「氧化鋯　陶瓷　差異」為關鍵字搜尋時，第一名的搜尋結果

由於這篇文章有實際的案例說明，因此選擇在這個小節進行介紹，不過這篇文章也屬於「說明 A 與 B 的差異」的文章類型，在下一頁將會詳細說明。

## 9 ⑦ 價格與費用行情

正在評估是否購買商品、服務的潛在客戶還對一種文章主題有興趣，那就是特定商品／服務的**價格與費用行情**。

尤其是**評估購買價格較高的服務與商品**，例如植牙治療與製作網站主頁時，使用者通常會想要了解價格與費用的行情。

在 Google 搜尋「植牙」後，排名前二十的結果中，大約有五筆是介紹植牙治療費用行情的文章。

●「植牙」的搜尋結果第一頁

## 10 ⑧ 說明 A 與 B 的差異

這是筆者經常建議客戶採用的主題，**「說明 A 與 B 的差異」是較容易提升搜尋排名的主題**。

筆者有一個客戶是販賣裸藻（營養補充品）的公司，為了提升以「裸藻」搜尋時的搜尋排名，筆者向客戶提議可以新增一篇文章，說明「裸藻與小球藻的差異」。文章上傳幾個月之後，這篇文章在「裸藻　小球藻」、「裸藻　小球藻　差異」等關鍵字之下的搜尋排名提升，獲得了許多造訪次數。

● **搜尋「裸藻　小球藻」時有較高排名的文章（https://www.sixthsenselab.jp/midorimushi-shop/euglena/different_chlorella）**

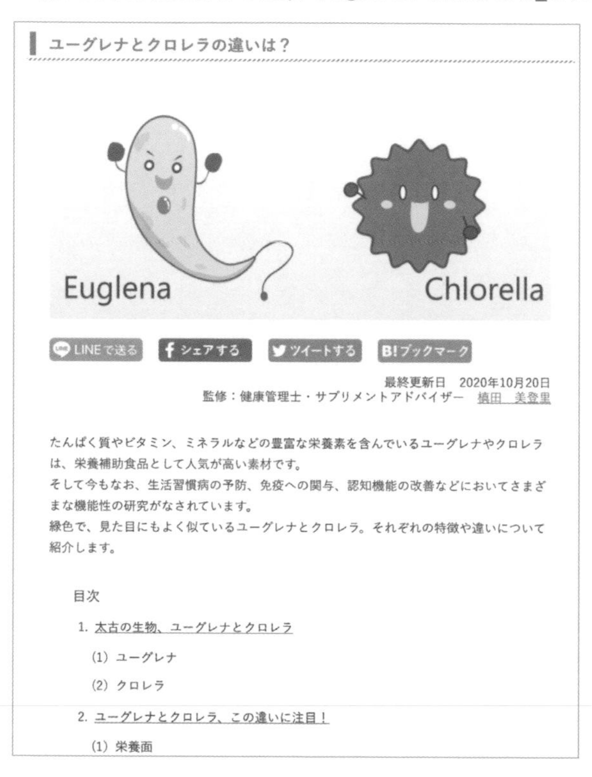

ユーグレナとクロレラの違いは？



LINEで送る　シェアする　ツイートする　B!ブックマーク

最終更新日　2020年10月20日
監修：健康管理士・サプリメントアドバイザー　槙田　美登里

たんぱく質やビタミン、ミネラルなどの豊富な栄養素を含んでいるユーグレナやクロレラは、栄養補助食品として人気が高い素材です。
そして今もなお、生活習慣病の予防、免疫への関与、認知機能の改善などにおいてさまざまな機能性の研究がなされています。
緑色で、見た目にもよく似ているユーグレナとクロレラ。それぞれの特徴や違いについて紹介します。

目次



像這種說明類似事物的差異，也就是「說明 A 與 B 的差異」的文章出乎意料的少，因此**很有機會寫出熱門的部落格文章**。

## 11　⑨ 商品、服務的評價、感想

這是參加聯盟行銷的部落格經營者所擅長的主題，比起企業提供的資訊，現代消費者更想知道的是其他曾購買商品與服務的消費者真實評價。

這些部落格經營者大部分是將自己實際使用商品與服務的感想寫為文章，也獲得許多的造訪次數，而新產品的相關評論非常受到讀者的青睞，盡早上傳附有照片與影片的商品評價文章，對於提升排名將很有效果。

● 蘋果的新產品「iPad Air」的搜尋結果。排名前幾筆的大多是評價文章

## 12 ⑩ 多項商品、服務的評比、比較、排名

還有一個讀者需求非常高的主題，那就是「多項商品、服務的評比、比較、排名」。

由於商品、服務的網站眾多，自己一個個比較跟評估太過麻煩，因此瀏覽統整網站、比較網站、排名網站的趨勢逐年提升。

例如在 Google 搜尋「新宿　燒肉」後，前十名的網站中就有八個網站是統整、比較、排名的網站。

● 在 Google 搜尋「新宿　燒肉」的搜尋結果頁面範例，有很多都是統整的網站

tabelog.com › ... › 新宿・代々木・大久保焼肉 › 新宿焼肉 ▾

新宿で人気の焼肉 ランキングTOP20 | 食べログ

【Go To Eatキャンペーン開催中】**新宿**にある**焼肉**のお店の中から、食べログユーザーおすすめの人気ランキングTOP20を発表！（2020年10月1日時点のランキングを表示中）**焼肉** ランキングは毎月更新！日本最大級のグルメサイト「食べ ...

新宿 × 焼肉 · 游玄亭 新宿 · 長春館 · 治郎丸

r.gnavi.co.jp › area › aream2115 › yakiniku ▾

【人気の美味い店】新宿の焼肉ならここ！今好評の食べ放題 ...

**新宿 焼肉** グルメ・レストランをお探しなら日本最大級のレストラン公式情報サイト「ぐるなび」にお任せ。**新宿 焼肉** グルメなレストラン情報が満載で店舗情報やメニュー・クーポン・地図などの情報も揃ってます!!

retty.me › 東京都 焼肉

【2020年最新！】新宿の焼肉で今年人気のおすすめ30店 ...

6 日前 — 「**新宿 焼肉**」のおすすめ 4 店舗目は、高級**焼肉**がリーズナブルに楽しめる**新宿**繁華街の**焼肉**屋。松坂牛と黒毛和牛を堪能出来る。ランチはコスパがよく、このクオリティのお肉を、このお値段でこれだけ食べられると ...

bimi.jorudan.co.jp › topics ▾

新宿の焼肉は安くておいしい！ おすすめ人気店はコスパも ...

2020/09/29 — **新宿**の安くておいしい**焼肉**店を厳選してご紹介！ インスタ映えするオシャレな人気個室**焼肉**店を始め、ガッツリ系食べ放題店、高級ブランド牛や熟成肉を安く提供するコスパ抜群の話題店以外にも、安心・安全の「黒毛和牛の ...

aumo.jp › articles ▾

【新宿×焼肉】超おすすめな人気店21選！安いお店から高級店 ...

2020/10/13 — **新宿**の**焼肉**店を21選ご紹介！仕事帰りにお肉を求めている方、デート・女子会でOKなおしゃれなお店を探している方も要チェック◎安いコスパ抜群のお店から、全室個室の高級店までピックアップしました！今夜は美味しい ...

搜尋引擎的使用者為了避免花費太多心力搜尋，節省搜尋的時間，會偏好這一類的網站，因此這個類別的文章非常有潛力。

## 13 ⑪ 經驗分享

難度較高的問題，例如「國中升學考試」、「飲食控制」等搜尋關鍵字中，可以排在前面的搜尋結果幾乎都是「**經驗分享**」的文章。

下一個例子是搜尋「國中升學考試、讀書時間」的結果，十筆中有四筆是國中升學考試的經驗分享文章。

● 在 Google 搜尋「國中升學考試　讀書時間」的搜尋結果，很多都是經驗分享的文章

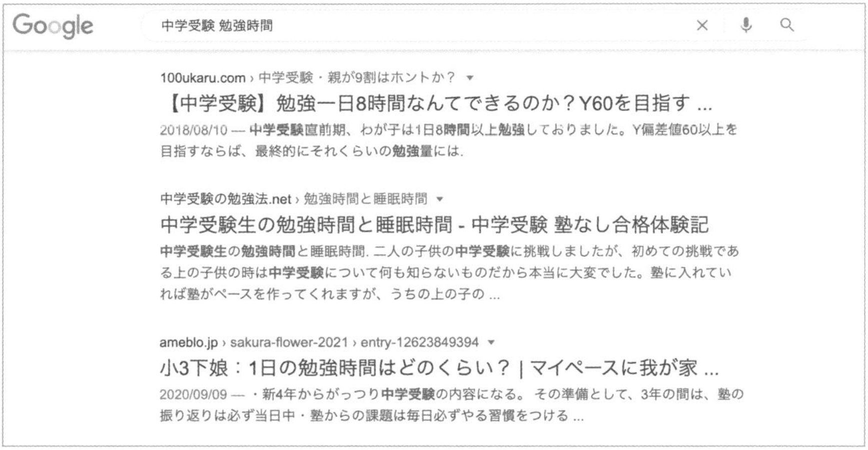

Google　中学受験 勉強時間

100ukaru.com › 中学受験・親が9割はホントか？
【中学受験】勉強一日8時間なんてできるのか？Y60を目指す ...
2018/08/10 — 中学受験直前期、わが子は1日8時間以上勉強しておりました。Y偏差値60以上を目指すならば、最終的にそれくらいの勉強量には.

中学受験の勉強法.net › 勉強時間と睡眠時間
中学受験生の勉強時間と睡眠時間 - 中学受験 塾なし合格体験記
中学受験生の勉強時間と睡眠時間. 二人の子供の中学受験に挑戦しましたが、初めての挑戦である上の子供の時は中学受験について何も知らないものだから本当に大変でした。塾に入れていれば塾がペースを作ってくれますが、うちの上の子の ...

ameblo.jp › sakura-flower-2021 › entry-12623849394
小3下娘：1日の勉強時間はどのくらい？ | マイペースに我が家 ...
2020/09/09 — ・新4年からがっつり中学受験の内容になる。 その準備として、3年の間は、塾の振り返りは必ず当日中・塾からの課題は毎日必ずやる習慣をつける ...

讀者對於經驗分享這種第一手資訊的需求很高，很容易可以提高搜尋排名。因此寫作時可以以自己的經驗為主題，或是記得在寫文章之前完成體驗。

## 14　⑫ ～的種類

最近排名較高的文章主題中，非常常見的有介紹多個「**種類**」的文章，例如「腰痛　種類」、「SUV　種類」這類的關鍵字。我們可以看出，前者是為了找出自己感到困擾的原因，後者是想要知道自己感興趣的汽車類型分為哪些種類，才會在網路上搜尋。

有些讀者會因為關注一件事，希望知道它的種類，因此想要找到能夠短時間內解決自己問題的方法，這個文章主題也很有機會提升部落格的造訪次數，值得嘗試。

## ● 在 Google 搜尋「腰痛　種類」的搜尋結果頁面

Google　腰痛 種類

全部　圖片　影片　新聞　購物　更多　工具

約有 20,000,000 項結果 (搜尋時間：0.58 秒)

**腰痛可以分為：**

- 機械性下背痛。例如：腰部酸痛、肌肉拉傷、小面關節炎、椎間盤突出、椎間盤退化、腰椎滑脫、椎弓解離、脊椎神經根壓迫、脊椎骨折、椎孔狹窄、**坐骨神經痛**。...
- 非機械性下背痛。例如：腫瘤、發炎-僵直性關節炎（如周董杰倫哥免當兵）、風濕性關節炎、感染。...
- 別的地方轉移過來腰部的叫做轉移痛：請見肌筋膜疼痛症候群。

2019年12月8日

https://www.edh.tw › article
腰痛神秘原因百百種！醫師教你3招找出下背痛兇手 - 早安健康

關於精選摘要 · 意見回饋

https://www.takeda.com › ... › 腰痛 › 腰痛的原因
腰痛的原因 - Takeda
以下將介紹身體一旦失衡，就會帶來疼痛困擾的腰痛結構與原因。... 因此會減弱緩衝效果，而無法再緩和腰椎的衝擊，而容易引起腰痛。... 這種類型者應特別注意腰痛.

https://health.udn.com › 元氣網 › 科別
腰痛找不到原因？醫師教2招判斷是不是退化性關節炎| 骨科．復健
2018年11月26日 — 腰痛是生活中很常見的疼痛之一，疼痛可大可小，有時是坐半天的輕微酸痛，有時是經年累月把人逼瘋的疼痛。腰痛可能的原因種類繁多，今天來和大家聊聊 ...

## ● 在 Google 搜尋「SUV　種類」的搜尋結果頁面

https://auto.ltn.com.tw › news
12 個汽車種類可靠性排名，中型SUV 竟差點墊底！
2019年7月7日 — 12 個汽車種類可靠性排名，中型SUV 竟差點墊底！ · 12. 電動車，平均可靠性評級：84.2% · 11. 中型SUV，平均可靠性評級：86.5% · 10. 豪華SUV，平均可靠性 ...

https://www.kingautos.net › ...
【國王學苑】旅行車、休旅車分不清？認識不同車體形式
2018年5月10日 — 不過，為了讓讀者更了解車型種類之間的分別，本篇專題將會為目前市場上常見 ... SUV的全名為Sport-Utility Vehicle運動型多功能車款，又稱為休旅車。

https://zh.wikipedia.org › zh-tw › 汽車種類
汽車種類- 维基百科，自由的百科全书
越野車或运动商务车（SUV） — 微型（Mini 4x4／SUV） · Daihatsu Terios; Honda HR-V; Mitsubishi Pajero Mini; Jeep Wrangler; Suzuki Jimny ...
種類名稱 · 普通私家車的分類 · 外觀與功能 · 私家車

https://zh.wikipedia.org › zh-hant › 运动型多用途车
运动型多用途车- 维基百科，自由的百科全书
在1990年代，運動型多用途車成為美國與全球汽車市場的主流種類，因為寬廣的開車視野與舒適佑大的車室空間得到許多車主的青睞，而美國長期以來最暢銷的SUV車則為福特 ...

https://news.igcar.com.tw › suv-mpv-wagon-crv-srv
SUV、MPV、WAGON、CRV、SRV...這些到底差在哪裡呢?
2019年2月1日 — SUV、MPV、WAGON等等詞彙都是我們經常用來分類車型的，可是叫了那麼久，大家真的瞭解它們的含義嗎？

https://shop.autocare.com.tw › 首頁 › 愛車知識+
SUV、SRV、MPV，這些V你都懂了嗎 - 愛車褓母
我們經常會在各種汽車雜誌或者汽車網站上看到諸如：SUV、SRV、MPV等專業詞彙，那麼這些詞彙到底是什麼意思呢？ SUV——SUV的全稱是Sport Utility Vehicle，即「運動型多 ...

## 15 事先調查容易提升排名的文章主題

以上是容易提升搜尋排名的文章主題類型，不要只是一個勁地寫部落格文章，事先調查什麼樣的主題較容易提升排名再開始寫作，就很可能可以提升搜尋排名，離成功的 SEO 更進一步。

如果正在煩惱怎麼選擇部落格文章的主題，就從剛才說明的主題嘗試寫作吧！

### 重點整理

- 滿足讀者需求的文章才會獲得較好的搜尋排名。
- 不要只是一個勁地寫部落格文章，掌握容易提升排名的文章主題後再開始寫作，會更有效果。

# 06 從行業別找出「讀者需求較高」的主題

到目前為止所介紹的是無論哪個行業都比較容易提升搜尋排名的高需求主題，其他還有在部分行業類別中較容易提升排名的主題，以及容易獲取造訪次數的主題。

## 1 建築公司、裝潢公司等建築業

- 工程現場介紹

只要附上照片與簡單的評論就很足夠，讓讀者感受到案主與工作人員期待完工的心情吧！使用智慧型手機勤拍照，就會有很多圖片可供上傳使用。也可以拍攝影片分享到 YouTube 或是貼在文章裡面。

- 建材與材質介紹
- 參觀展示會與展示中心的心得報告
- 房屋貸款的說明與金融機構介紹
- 介紹以前的案主

可以在部落格介紹以前案主對施工結果感到滿意的評價，可以附上與案主的合照，展現與案主之間良好的關係。除了好的一面之外也在文章提起特別花費心力的部分，就能進一步引起讀者的共鳴。

- 國內與國外的房屋相關話題與知名建築物的介紹

旅行時，記得拍下當地知名建築物的照片與影片並儲存起來，以備不時之需。

- 介紹知名的建築師與受關注的設計
- 參觀活動的現場情況

交屋後參觀房屋的情況，尤其要記得放上與參加人員的合照。

- 住宅完工後的報告

● 裝潢公司介紹裝潢現場的文章範例

## 2　律師、代書、記帳士等專業

如果是律師、代書、記帳士等專業的部落格，案例文章的需求很高，除此之外，以下的文章也有讀者需求。

- 法律諮詢案例
- 解決的案例
- 法律解說
- 修法內容與影響說明
- 糾紛、判例介紹
- 新聞解說
- 國外案例
- 解決問題的建議

## 法律事務所網站的部落格文章範例

交通事故ＢＬＯＧ

千葉で交通事故に詳しい弁護士による被害者救済のためのブログ｜よつば総合法律事務所

official blog

HOME > 自動車保険 > 私は自身の任意保険で他車運転特約に入っています。他車運転特約をつけていると他人の車を運転していて事故を起こした場合のすべての損害が賠償されますか？

私は自身の任意保険で他車運転特約に入っています。他車運転特約をつけていると他人の車を運転していて事故を起こした場合のすべての損害が賠償されますか？

2020年08月07日

Q 私は自身の任意保険で他車運転特約に入っています。他車運転特約をつけていると他人の車を運転していて事故を起こした場合のすべての損害が賠償されますか？

A いいえ、すべてではありません。他車運転特約が適用されるのは、「臨時に運転していた場合」に限られますし、自動車の車種などにも制限があります。保険会社が免責されるケースも比較的広範囲です。

交通事故：他車運転特約

◆他車運転特約とは

他車運転特約とは、契約自動車以外の自動車を運転していて事故を起こしたときにも保険が適用される特約です。

たとえば友人や親戚の車を借りて運転しているときに事故を起こしてしまったら、友人や親戚の保険ではなく「運転者の保険」を適用して賠償金の支払いなどの対応ができます。

他車運転特約について特に保険証券などに記載されておらず契約者が意識していないケースもありますが、多くの保険で自動付帯しています。

◆他車運転特約が適用されるのは「臨時に運転していた場合」

ただし他車運転特約は、他人の車を運転していたときのすべての交通事故に他車運転特約が適用されるわけではありません。

適用対象になるのは「臨時に運転していた場合」のみです。

継続的に車を借りっぱなしにしていて事故を起こした場合などには、特約は適用されません。

検索

プロフィール

よつば総合法律事務所

千葉県最大級の法律事務所。弁護士15名が所属しております。事務所名の「よつば」は事務所に関わる人が皆幸せになるようにとの思いから名付けました。お気軽にご相談ください。

柏事務所：千葉県柏市（柏駅徒歩3分）

千葉事務所：千葉市（千葉駅徒歩3分）

交通事故 無料相談サイト

お問い合わせはこちら

0120-916-746 携帯PHS可

2020年 08月 >>

| 日 | 月 | 火 | 水 | 木 | 金 | 土 |
| --- | --- | --- | --- | --- | --- | --- |
| | | | | | | 1 |
| 2 | 3 | 4 | 5 | 6 | 7 | 8 |
| 9 | 10 | 11 | 12 | 13 | 14 | 15 |
| 16 | 17 | 18 | 19 | 20 | 21 | 22 |
| 23 | 24 | 25 | 26 | 27 | 28 | 29 |
| 30 | 31 | | | | | |

最新記事

私は自身の任意保険で他車運転特約に入っています。他車運転特約をつけていると他人の車を運転していて事故を起こした場合のすべての損害が賠償されますか？

交通事故に遭ったのですが、相手保険会

## 律師解說交通事故新聞的文章範例

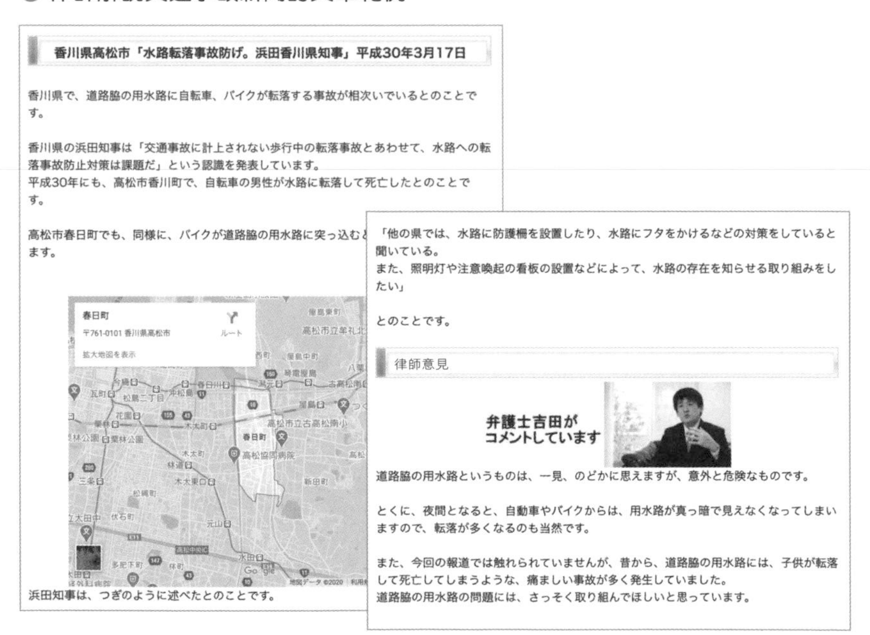

香川県高松市「水路転落事故防げ。浜田香川県知事」平成30年3月17日

香川県で、道路脇の用水路に自転車、バイクが転落する事故が相次いでいるとのことです。

香川県の浜田知事は「交通事故に計上されない歩行中の転落事故とあわせて、水路への転落事故防止対策は課題だ」という認識を発表しています。
平成30年にも、高松市香川町で、自転車の男性が水路に転落して死亡したとのことです。

高松市春日町でも、同様に、バイクが道路脇の用水路に突っ込む
ます。



浜田知事は、つぎのように述べたとのことです。

「他の県では、水路に防護柵を設置したり、水路にフタをかけるなどの対策をしていると聞いている。
また、照明灯や注意喚起の看板の設置などによって、水路の存在を知らせる取り組みをしたい」

とのことです。

律師意見

弁護士吉田がコメントしています

道路脇の用水路というものは、一見、のどかに思えますが、意外と危険なものです。

とくに、夜間となると、自動車やバイクからは、用水路が真っ暗で見えなくなってしまいますので、転落が多くなるのも当然です。

また、今回の報道では触れられていませんが、昔から、道路脇の用水路には、子供が転落して死亡してしまうような、痛ましい事故が多く発生していました。
道路脇の用水路の問題には、さっそく取り組んでほしいと思っています。

## 3 補習班、家教、學校、研討會、教材販售

如果是補習班等部落格，讀者會想要看到的文章包含對於家長問題的回覆、合格學生（OB）的成功經驗、教材介紹等主題。

- 家長提問的案例
- 介紹合格學生與努力過程
- 說明考試趨勢與最近的成果
- 回覆學生的問題
- 教材介紹

在文章中介紹學習教材的作者、教材特徵，以及可能達到的成效與評價吧！

- 介紹志願學校
- 介紹活動舉辦情況

### ● 講師回覆家長疑問的文章範例

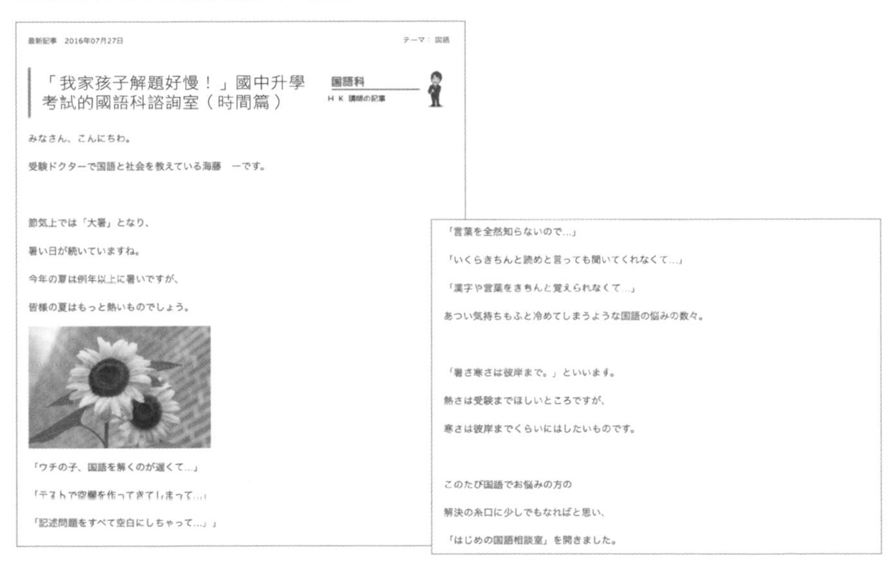

最新記事　2016年07月27日　　テーマ：国語

「我家孩子解題好慢！」國中升學考試的國語科諮詢室（時間篇）

国語科
H K 講師の記事

みなさん、こんにちわ。

受験ドクターで国語と社会を教えている海藤　一です。

節気上では「大暑」となり、

暑い日が続いていますね。

今年の夏は例年以上に暑いですが、

皆様の夏はもっと熱いものでしょう。

「ウチの子、国語を解くのが遅くて…」

「テストで空欄を作ってきてしまって…」

「記述問題をすべて空白にしちゃって…」」

「言葉を全然知らないので…」

「いくらきちんと読めと言っても聞いてくれなくて…」

「漢字や言葉をきちんと覚えられなくて…」

あつい気持ちもふと冷めてしまうような国語の悩みの数々。

「暑さ寒さは彼岸まで。」といいます。

熱さは受験までほしいところですが、

寒さは彼岸までくらいにはしたいものです。

このたび国語でお悩みの方の

解決の糸口に少しでもなればと思い、

「はじめの国語相談室」を開きました。

## 4 商品販售

如果是販售商品的部落格，讀者會想看到的文章主題如下。如果文章中提議不錯的商品運用方式，很可能直接帶動商品營收的成長。

- 商品的選擇方式
- 商品的運用方式
- 消費者回饋的成功案例
- 回覆消費者的疑問
- 介紹業界趨勢
- 介紹國外趨勢
- 報告展示會與研討會的成果

### 說明商品運用方式的文章範例

HOME > のれん > 【新商品】コロナ対策！透明ビニールのれんとその使い方色々

【新商品】對抗新冠疫情！透明塑膠簾的各種用途

2020年10月20日

みなさん、こんにちは。
普段は姉妹サイト、旗・幕ドットコムにてブログを書いております、長谷です。

ウィズコロナ（withコロナ）になってから、
窓口やレジなど様々な所で飛沫感染防止グッズを見かけるようになりました。

店員さんとお客様の間がビニールカーテンで仕切られている光景は、
今や日常となっています。

私がよく利用するコンビニは、店員さんが売り場からレジに入る入口にもビニールが張ってありました。

ただそのビニールには切れ目がなく、1枚物のビニールシートなので、
店員さんは入りづらそうでした。

「飛沫感染の防止にはなるけど出入りしにくそうだなぁ・・・」
と、見ていて何とも言えない気持ちになりました。

後日、そのコンビニに行くと、
案の定というか、その入口のビニールシートは撤去されていました。

その光景を見て、切れ込みが入ったのれんタイプのビニールシートであれば出入りしやすいんじゃないか！？と思い立ち、考えたのが今回ご紹介するこちらの商品です！

【ビニールタイプのれん】

## 5 牙科醫院、診所、一般醫院

如果醫院的部落格，就需要書寫提升醫院患者信任度的文章，介紹最新的醫療器材、手術方式，還有藥品介紹等文章就相當有效。

- 醫療器材的介紹
- 手術方式的說明
- 治療用藥介紹
- 醫師介紹
- 員工介紹
- 在學會學習到的知識
- 研修時學習到的知識

### 說明治療用藥的文章範例

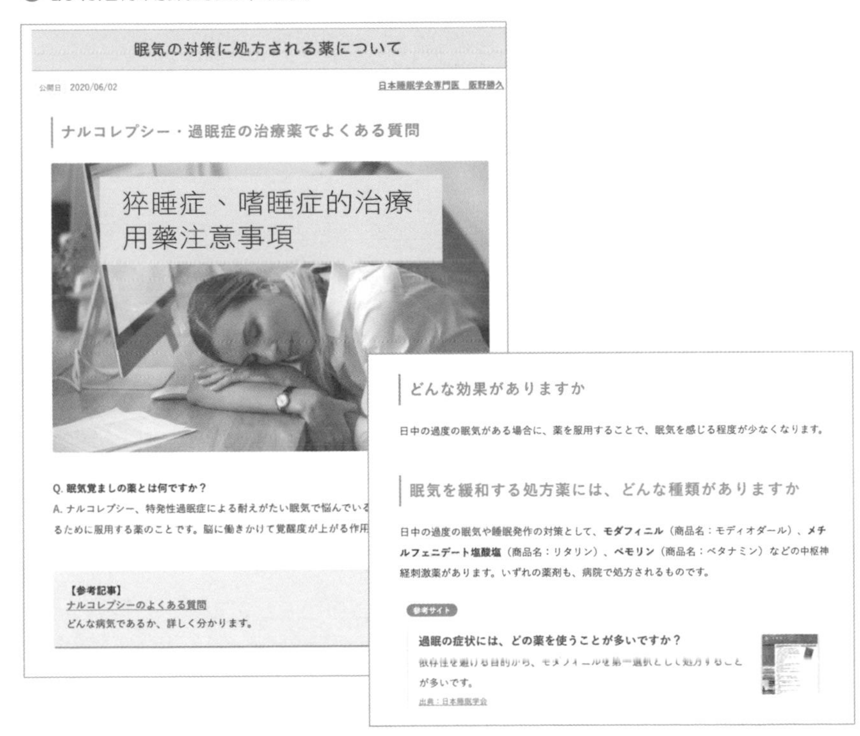

眠気の対策に処方される薬について

公開日 2020/06/02　日本睡眠学会専門医　阪野勝久

ナルコレプシー・過眠症の治療薬でよくある質問



**Q. 眠気覚ましの薬とは何ですか？**

A. ナルコレプシー、特発性過眠症による耐えがたい眠気で悩んでいる
るために服用する薬のことです。脳に働きかけて覚醒度が上がる作用

**【参考記事】**
ナルコレプシーのよくある質問
どんな病気であるか、詳しく分かります。

どんな効果がありますか

日中の過度の眠気がある場合に、薬を服用することで、眠気を感じる程度が少なくなります。

眠気を緩和する処方薬には、どんな種類がありますか

日中の過度の眠気や睡眠発作の対策として、**モダフィニル**（商品名：モディオダール）、**メチルフェニデート塩酸塩**（商品名：リタリン）、**ペモリン**（商品名：ベタナミン）などの中枢神経刺激薬があります。いずれの薬剤も、病院で処方されるものです。

参考サイト

**過眠の症状には、どの薬を使うことが多いですか？**
依存性を避ける目的から、モダフィニルを第一選択として処方することが多いです。
出典：日本睡眠学会

# 6 日式整復推拿院所

如果是日式整復推拿院所的部落格，讀者需求的文章主題，會是患者關心的病症與調理方式的說明。

- 病症的說明
- 調理方式的說明
- 顧客接受調理後的感想
- 介紹東洋醫學
- 介紹其他同期的同學

## 介紹特定症狀的文章範例

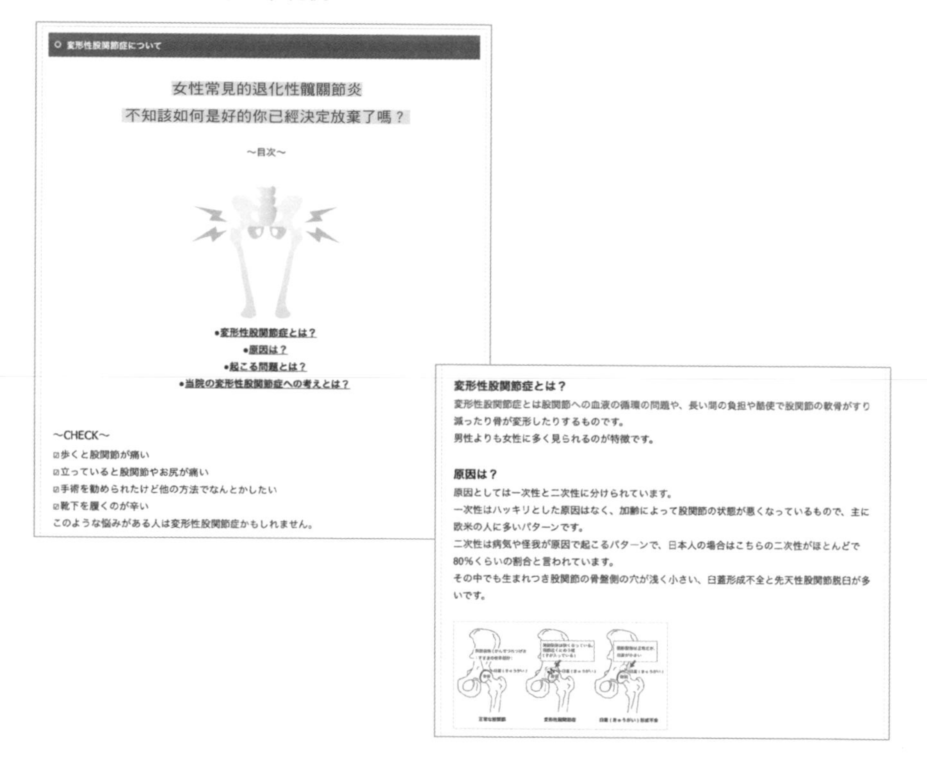

○ 変形性股関節症について

女性常見的退化性髖關節炎

不知該如何是好的你已經決定放棄了嗎？

～目次～

●変形性股関節症とは？

●原因は？

●起こる問題とは？

●当院の変形性股関節症への考えとは？

～CHECK～

☑歩くと股関節が痛い

☑立っていると股関節やお尻が痛い

☑手術を勧められたけど他の方法でなんとかしたい

☑靴下を履くのが辛い

このような悩みがある人は変形性股関節症かもしれません。

**変形性股関節症とは？**

変形性股関節症とは股関節への血液の循環の問題や、長い間の負担や酷使で股関節の軟骨がすり減ったり骨が変形したりするものです。

男性よりも女性に多く見られるのが特徴です。

**原因は？**

原因としては一次性と二次性に分けられています。

一次性はハッキリとした原因はなく、加齢によって股関節の状態が悪くなっているもので、主に欧米の人に多いパターンです。

二次性は病気や怪我が原因で起こるパターンで、日本人の場合はこちらの二次性がほとんどで80%くらいの割合と言われています。

その中でも生まれつき股関節の骨盤側の穴が浅く小さい、臼蓋形成不全と先天性股関節脱臼が多いです。

## 7 美容、化妝品

美容、化妝品相關的部落格和醫院相同，除了最新儀器的介紹文章之外，與美容相關的諮詢案例也受到讀者的喜愛。

- 美容儀器介紹
- 於非營業時間在店鋪研修的心得
- 成分介紹與相關的故事
- 國外趨勢介紹
- 名人使用案例介紹
- 與美容有關的諮詢案例

### 回答洗臉相關問題的諮詢案例

## 8　網站製作公司、設計業

網站製作與設計相關的部落格中，讀者最喜愛的還是作品的介紹。此外，介紹最新趨勢的文章也很有幫助。

- 作品介紹
- 最新設計趨勢介紹
- 最新技術趨勢介紹
- 客戶諮詢案例
- 客戶的成功案例
- 軟體使用方法說明
- 硬體的設置方法、使用方式

● 介紹最新設計趨勢的文章範例

webサイトのページ体験がより重視されるCore Web Vitals

WEB制作　2020.6.8 大倅



目次 [hide]

Core Web Vitalsとは？
Core Web Vitalsを構成する３つの指標
Largest Contentful Paint (LCP)
First Input Delay (FID)
Cumulative Layout Shift (CLS)
Core Web Vitalsがもたらす新たなwebサイトの考え方
ページ評価はライバルとの相対評価から、ユーザー中心のwebパフォーマンス設計へ
一貫したGoogleの考え方
20201年、ランキングへの導入予定

デジタルファミリー通信

デジタルファミリー通信とは

WEB制作会社『デザインファミリー』のスタッフがWEBの最新情報、感動的なテクノロジー、トレンド、スタッフの趣味などを紹介するサイトです。

詳細はこちらから

Core Web Vitalsとは？

皆様こんにちは。
株式会社デザインファミリーの大倅です。

皆様はCore Web Vitalsという言葉を聞いたことはありますでしょうか？

5月に入ってGoogleが発表したWebサイトのユーザー体験を示す指標です。

Googleは、webページのパフォーマンス測定するツールを、数多くの発表してきました。
「Search Console」「PageSpeed Insights」「Lighthouse」etc…

多くの計測ツールは、より分析や改善を行うことができるようになる反面、
うまく使いこなさないとwebサイトの改修・運用の方向性を見失ってしまうこともしばしばありました。

webサイトの改善目的が、PageSpeed Insightsで高得点を取ることになってしまい、
本来考えないといけない、ユーザーが使いやすい、ユーザーのためのwebパフォーマンス向上が、その次になってしまっていることが多いように思います。

今回発表された、Core Web Vitalsは、
すべてのWebページで適応され、ユーザー中心のwebサイト運営をよりわかりやすく可能にしたものであるように思います。

Core Web Vitalsを構成する３つの指標

Core Web Vitalsを構成する指標は、時間の経過とともに変化していくと考えられていますが、
2020年現在、公表されているものは以下の3つです。

人気の記事

Google DiscoverDiscover設定方法！SEO対策講座 2019年1月編

Adobe Dreamweaverはもう卒業。おすすめエディタ「brackets（ブラケッツ）」

新春！デジファミサイトオープン記念プレゼント企画第3弾発表！！

【7/27迄】「GoPro」・「Amazon Echo」・「スタバカード」をプレゼント！

【12/12まで】スターバックスカードを合計4名様にプレゼント！「サイトオープン企画第2弾」

## 9　顧問、諮詢業

會造訪顧問相關部落格的使用者通常都是有著具體的煩惱與疑問，才會上網搜尋，因此研討會上以及客戶所提出的問題與回覆內容等文章很受青睞。

- 研討會上提出的問題內容
- 回覆潛在顧客問題
- 介紹顧客的業務
- 顧客實際諮詢案例
- 經營建議事項彙整
- 國內外書籍的介紹與感想
- 介紹資訊獲取管道

● 對經營方式提出建議的文章

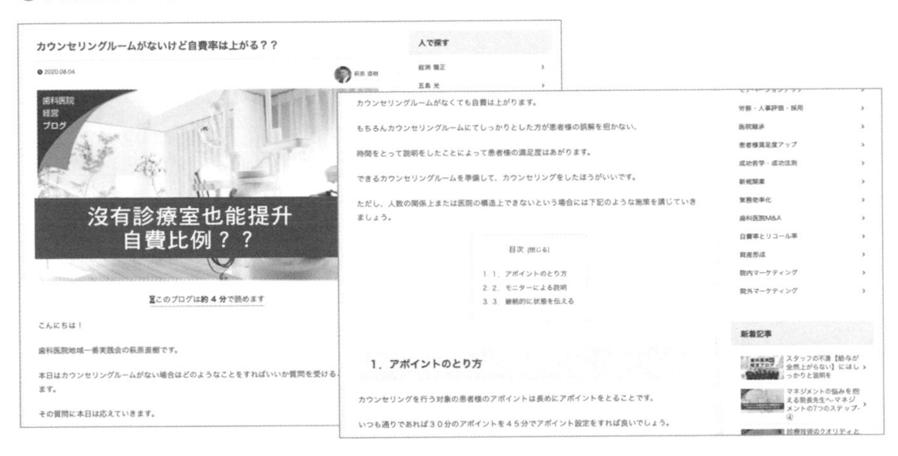


## 重點整理

- 介紹不同行業中需求較高的文章主題。
- 如果是建築公司，讀者會喜歡實際施工案例介紹，以及看起來與案主關係良好的文章。
- 如果是醫院與牙科診所的部落格，就可以介紹最新的醫療設備與治療方式。
- 如果有適合自己的主題，就可以從較容易書寫的主題開始挑戰。

# 07 活用關鍵字規劃工具

## 1 兩種工具

調查搜尋引擎使用者的需求時，關鍵字規劃工具非常有幫助。這裡將介紹「Google 關鍵字規劃工具（keyword planner）」與「關鍵字建議工具」，若使用這些工具，不用花錢就能知道較多人使用的搜尋關鍵字。

## 2 Google 關鍵字規劃工具

有幾種方式都能夠知道搜尋引擎使用者使用什麼關鍵字搜尋，而最受歡迎的就是使用 Google 關鍵字規劃工具。

● Google 關鍵字規劃工具
（https://ads.google.com/intl/zh-TW/home/tools/keyword-planner/）

只要是 Google 廣告的用戶，就能免費使用 Google 關鍵字規劃工具，登入之後，點擊畫面上「選擇新關鍵字與取得搜尋量」的按鈕，在「想要

宣傳的商品與服務」的欄位輸入想要搜尋的關鍵字，最後點擊畫面下方的「顯示結果」按鈕。

● 關鍵字輸入欄位畫面

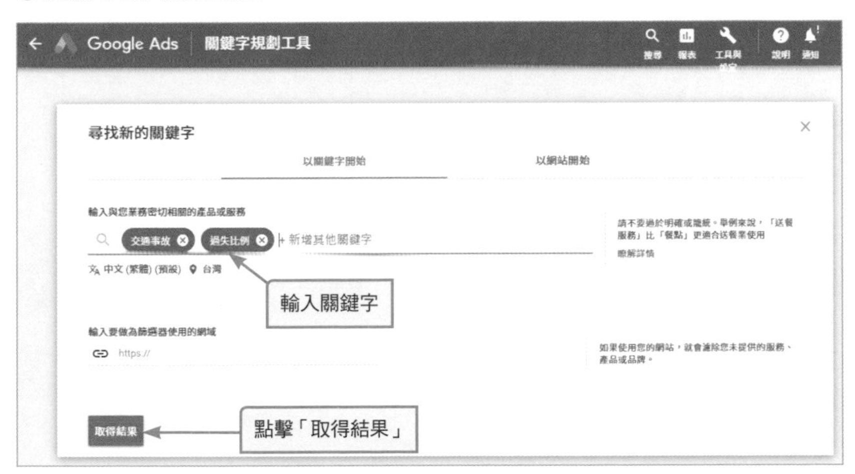


接下來，就會顯示如下圖的關鍵字列表。

● 建議關鍵字列表

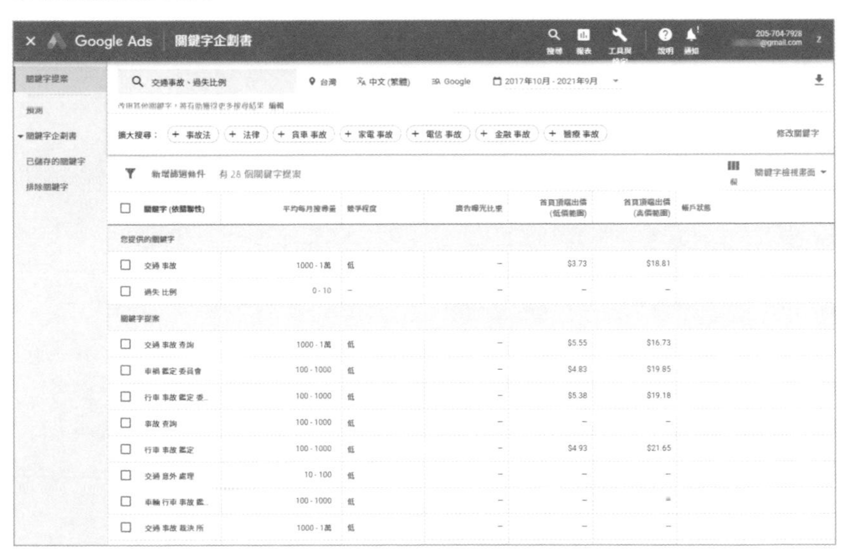

搜尋關鍵字的搜尋次數也會受到季節因素的影響，不過比起搜尋量急速減少的關鍵字，提升搜尋量較為穩定，或是有上升趨勢的關鍵字搜尋排名，會比較有助於吸引顧客。

點擊圖表正下方的「下載」，就可以下載 CSV 格式的檔案。檔案記錄的資料如下圖。

① 建議關鍵字

② 各個建議關鍵字的月平均搜尋量

③ 各個建議關鍵字的競爭情況（競爭程度）

④ 各個建議關鍵字的 Google 廣告建議出價

### ● CSV 格式的檔案

| Keyword Stats 2021-10-18 at 09_48_31 | | | | | | |
|---|---|---|---|---|---|---|
| 2017年10月1日 - 2021年9月30日 | | | | | | |
| Keyword | Currency | Avg. month | Competitio | Competitio | Top of page | Top of page |
| 交通 事故 | TWD | 5000 | 低 | 5 | 3.73 | 18.81 |
| 過失 比例 | TWD | | 不明 | | | |
| 交通 事故 查 | TWD | 5000 | 低 | 7 | 5.55 | 16.73 |
| 車禍 鑑定 委 | TWD | 500 | 低 | 6 | 4.83 | 19.85 |
| 行車 事故 鑑 | TWD | 500 | 低 | 5 | 5.38 | 19.18 |
| 事故 查詢 | TWD | 500 | 低 | 1 | | |
| 行車 事故 鑑 | TWD | 500 | 低 | 11 | 4.93 | 21.65 |
| 交通 意外 處 | TWD | 50 | 低 | 11 | | |
| 車輛 行車 事 | TWD | 500 | 低 | 3 | | |
| 交通 事故 裁 | TWD | 5000 | 低 | 0 | | |
| 車禍 鑑定 覆 | TWD | 500 | 低 | 4 | | |
| 交通 意外 處 | TWD | 50 | 低 | 4 | | |
| 交通 事故 責 | TWD | 50 | 不明 | | | |
| 交通 事故 委 | TWD | 50 | 低 | 4 | 5.38 | 25.49 |
| 機車 事故 查 | TWD | 50 | 低 | 5 | | |
| 肇事 舉發 | TWD | 50 | 低 | 2 | | |
| 車禍 覆 議 | TWD | 50 | 低 | 7 | | |
| 交通 事故 申 | TWD | 50 | 低 | 2 | | |
| 交通 事故 申 | TWD | 50 | 低 | 0 | | |
| 交通 鑑定 覆 | TWD | 50 | 低 | 6 | | |
| 道路 交通 事 | TWD | 50 | 低 | 1 | | |
| 行車 事故 | TWD | 50 | 低 | 5 | | |
| 交通 事故 諮 | TWD | 50 | 低 | 1 | | |
| 鑑定 覆 議 | TWD | 50 | 低 | 2 | | |
| 查詢 交通 事 | TWD | 50 | 低 | 3 | | |
| 行車 事故 鑑 | TWD | 50 | 低 | 4 | | |
| 車禍 鑑定 委 | TWD | 50 | 低 | 3 | | |
| 肇事 車輛 查 | TWD | 50 | 低 | 0 | | |

在 Google 輸入關鍵字搜尋的使用者，所查詢的其他高關聯性關鍵字，稱為「**建議關鍵字**」。

舉例來說，在 Google 關鍵字規劃工具中輸入並搜尋關鍵字「交通事故過失」，就會出現以下的建議關鍵字。

●「交通事故　過失比例」的建議關鍵字

汽車強制險　過失　比例
汽車強制險　保險　過失　比例
停車　場內　的　事故　過失　比例
停　車場　過失　比例
汽車強制險　過失　相抵
捲入　事故　過失　比例
過失　相抵　案例
停　車場　的　事故　過失　比例
汽車強制險　撫慰　金　過失　比例
停車　場內　過失　比例
在停　車場　的　事故　比例
汽車強制險　保險　過失　相抵
過失　保險

這些是搜尋「交通事故　過失比例」的使用者同時也會搜尋的高關聯性關鍵字。

Google 關鍵字規劃工具列出的建議關鍵字除了「交通事故　過失比例」之外，還有使用該關鍵字搜尋的用戶在一定期間內搜尋的高關聯性關鍵字，因此可以看到各種具有可能性的關鍵字。這樣一來，我們就可以推測出搜尋引擎使用者在搜尋時希望了解什麼樣的資訊。

檔案中，建議關鍵字的右測會顯示大約的平均每月最低搜尋量（Min search volume）以及平均每月最高搜尋量（Max search volume）。例如「汽車強制險　過失　比例」每個月平均搜尋次數為一百到一千次左右，「停車場　過失　比例」則大約是十到一百次左右。另外，以前（2016 年之前）會顯示詳細的每月搜尋量，但現在如果不是已經購置一定廣告量的用戶，就只會顯示為「一到十萬」這種概略的數值。

## 並不是每月搜尋量越多就越好

光看以上資料可能會認為「汽車強制險　過失　比例」的搜尋量是「停車場　過失　比例」的十倍以上，用來招攬潛在顧客的價值應該比較高，然而，單純解釋為平均每月搜尋量越多就越有價值卻是常見的錯誤。

原因在於，搜尋該關鍵字的使用者並不是全部都有購買意願，搜尋引擎使用者並不一定是想要購物才進行搜尋，這些搜尋用路可能是查找論文資料的學生與研究人員，或是為了製作簡報而蒐集資料的上班族。

因此我們必須累積經驗，鍛鍊自己的洞悉力，才能不被每月搜尋量影響，判斷出關鍵字是否能吸引潛在顧客。

如果沒有經過太多思考，就採用每月搜尋量較多的關鍵字來提升搜尋排名，這時候由於競爭網站經營者也是使用 Google 關鍵字規劃工具，很可能彼此都想要提升同個關鍵字的搜尋排名，搜尋關鍵字的競爭程度如果太高，無論過多久時間排名都無法提升，得不到好的成果，最後導致自家網站的造訪人數下降，導致失去原本應有的機會。而且，沒有獲得好的成果，也可能消磨持續執行 SEO 的熱情。

不要只是把目光放在平均每月搜尋量較多的關鍵字，以一定程度上受到歡迎的關鍵字為目標，均衡的目標設定就是成功 SEO 的一大關鍵。

# 3　關鍵字建議工具

使用**關鍵字建議工具**，就可以取得 Google 的關鍵字預測資料。

關鍵字預測指的是使用者在搜尋引擎的搜尋欄位輸入關鍵字之後，搜尋引擎會自動顯示多個能與該關鍵字組合的關鍵字（篩選可能的選項），以輔助用戶搜尋。顯示的建議關鍵字會由上而下，並且由搜尋量多至搜尋量少來排序。

● Google 的關鍵字建議工具

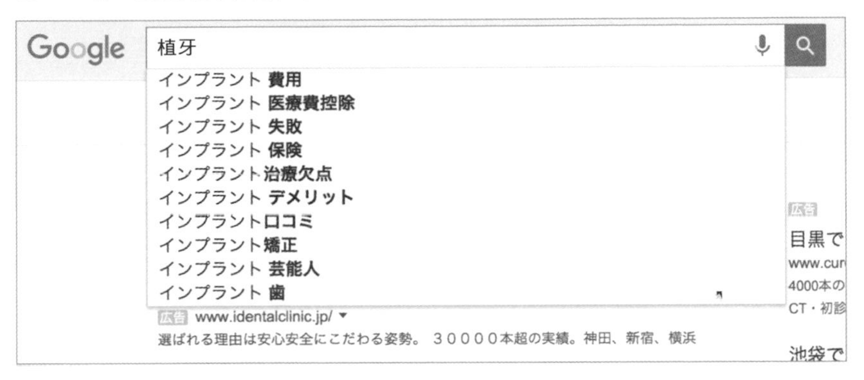


關鍵字建議功能相當方便，不過顯示的關鍵字資料並無法儲存。要解決這個問題，就要使用可以一次取得關鍵字預測資料的「Keyword Tool」。

● Keyword Tool（https://keywordtool.io）

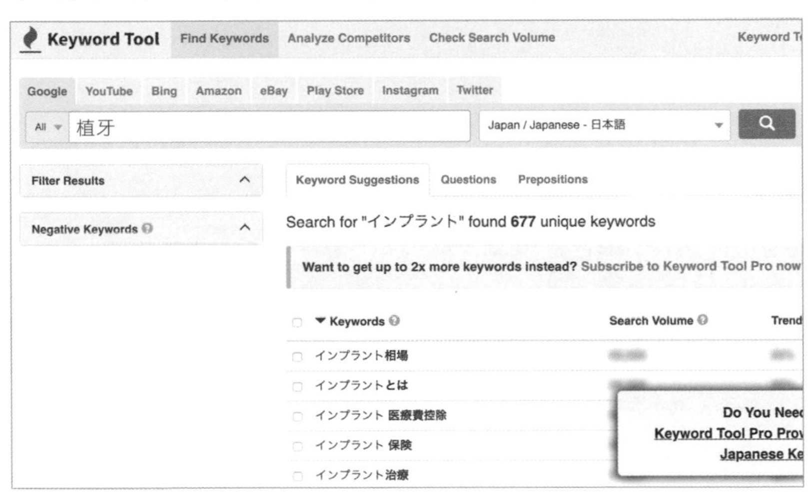


透過這個工具，只要操作一次，就能將 Google 關鍵字預測功能所建議的關鍵字清單整份顯示，也可以下載為 CSV 格式，因此，在調查搜尋量較多的最新複合關鍵字，以及思索部落格的文章主題時，都可以為我們提供線索。

## 4 關鍵字查詢工具的陷阱

關鍵字查詢工具相當便利，不過查詢到的就只是用戶在 Google 搜尋的關鍵字，**並不是將找到的關鍵字寫成文章就可以**。

筆者就曾經見過許多案例是找到什麼關鍵字就寫什麼主題的文章，卻還是無法獲得豐碩的收穫。想要使用關鍵字查詢工具所查詢到的關鍵字，在最短時間內獲得最佳成果，選擇 114 頁「分析讀者需求較高的主題」中的任一個主題來寫為文章，就能夠增加搜尋排名提升的可能性。

以上說明的是如何找到具 SEO 優勢的文章主題，不要埋頭苦寫部落格文章，一定要從容易提升排名的文章主題開始書寫，以最短的時間增加部落格造訪次數為目標。

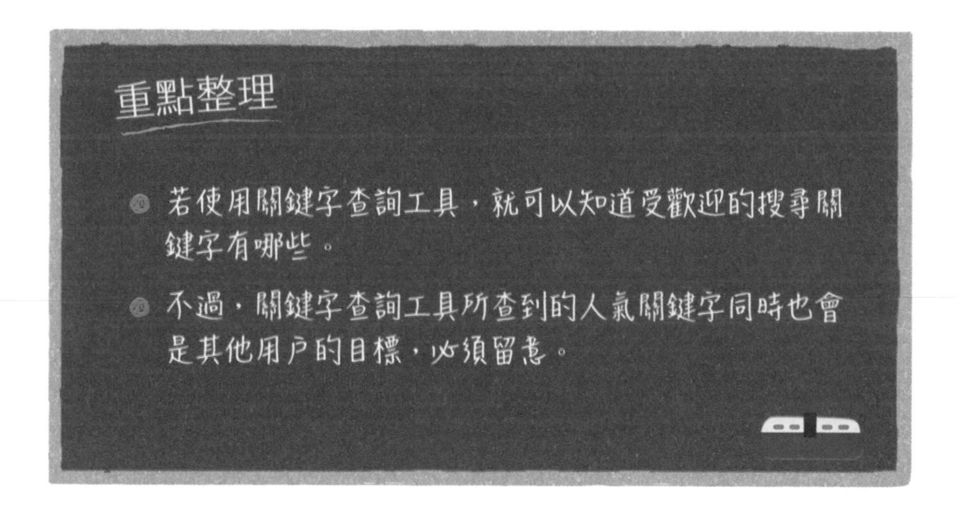

# 第4課

# 具 SEO 優勢的文章寫法

接下來要介紹具 SEO 優勢的文章寫法，有些部分與之前學習的內容密切關聯，學習的時候也要順便複習喔。

# 01 容易獲得較高搜尋排名的文章要點

## 1 讓文章具有 SEO 優勢的七個重點

在第三課我們介紹了具有 SEO 優勢的文章主題。

而第四課將要說明選擇好具有 SEO 優勢的主題之後，實際上**要如何寫部落格**。

要寫出具有 SEO 優勢的文章，也就是容易提升 Google 搜尋排名的文章，就要掌握以下的重點。

1. 文章標題
2. 作者的信用
3. 文章結構
4. 論點依據
5. 努力提升網站停留時間
6. 提升內容易於理解的程度
7. 文章介紹

之後的小節將對每一點進行詳細說明。

重點整理

- 學習文章的寫作方式。
- 要寫出具有 SEO 優勢的文章，有幾個重點是必須掌握的。

# 02 ① 文章標題

## 1 文章標題就相當於「書架上的書本名稱」

第一個重點是「文章標題」，部落格文章的標題就相當於書籍的「書名」，是吸引讀者注意時最重要的一個部分。

書店排列著許多書籍，為了要讓消費者拿取書本，就必須透過書名來吸引消費者注意，而部落格文章也是完全相同的道理，Google 搜尋結果頁就相當於書店裡的書架。

● 必須命名為能夠在 Google 搜尋結果頁吸引目光的文章標題

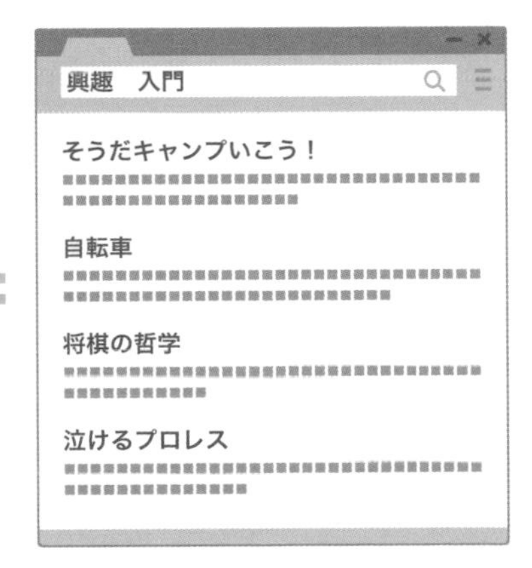

## 2　文章標題要包含目標關鍵字

決定文章標題時要掌握一個重點，那就是一定要加入有機會提升排名的「**目標關鍵字**」。

原因有兩個。

第一個原因是搜尋引擎使用者**「希望瀏覽什麼樣的網頁」**，就會轉換為**搜尋關鍵字**進行搜尋。

而搜尋引擎使用者在輸入關鍵字搜尋後，搜尋結果頁面上所顯示的結果如果分為網站文字連結含有搜尋關鍵字，以及不含搜尋關鍵字這兩種時，使用者會傾向於認為前者的連結「含有想要查詢的資料」。

舉例來說，假設使用者想要了解金魚的飼養方式，因此就在 Google 搜尋「金魚　飼養方式」。

**●「金魚　飼養方式」的 Google 搜尋結果頁面範例**

搜尋結果中，文字連結如果包含搜尋關鍵字「金魚」，就幾乎可以預測該結果是與金魚有關的網頁。由於搜尋引擎使用者想要知道連結的網站

內容，就只能實際造訪該網頁，因此會先從標題找出更「確定」的資訊進行推測。

另外，如果標題還包含「飼養方式」、「怎麼養」等關鍵字，使用者就會更加確定，點擊進入網站的可能性也隨之提高。

Google 搜尋結果所顯示的資訊，基本上分為以下三個部分。

① 網頁的網址
② 網頁的標題標籤
③ 網頁摘要（snippet）

以上一頁的搜尋結果中排名第一名的網頁為例，三個部份分別如下。

**① 網頁的網址**

www.sumida-aquarium.com > column > details

**② 網頁的標題標籤**

讓水族館的飼育員告訴你！金魚的飼養訣竅 | 東京…

**③ 網頁摘要（snippet）**

只要有一個飼養金魚的水槽，整個房間就會給人一種非常涼爽的感覺喔♪這次我們來到東京下町區域的「Sumida 水族館」，向每天照料金魚的飼育員詢問飼養金魚的訣竅！今年夏天，金魚…

通常網頁的標題標籤內容都是顯示在瀏覽器的分頁上，因此幾乎所有瀏覽頁面的使用者都不會注意到。但是如果是部落格，一般來說**網頁標題會是部落格管理畫面中所填入的「文章標題」**。大部分的情況下，標題會直接顯示在搜尋引擎的搜尋結果頁面文字連結，非常醒目。

在這個醒目的部分中加入使用者搜尋的關鍵字，就可以大幅增加與競爭網站、競爭部落格的差異性。

## 3 搜尋引擎也很重視標題中的資訊

第二個原因是搜尋引擎也很重視標題所記錄的資訊，因此，文章標題如果包含目標關鍵字，會比較容易提升搜尋排名。

基於這兩個理由，文章標題一定要包含有機會提升搜尋排名的目標關鍵字。

搜尋引擎對於「對讀者有幫助的內容評價較高」，因此標題中含有關鍵字是相當重要的。

### 重點整理

- 要寫出具 SEO 優勢的部落格文章，其中一個重點是文章標題一定要包含目標關鍵字。
- 這是因為搜尋引擎的使用者與搜尋引擎本身都很重視標題中的關鍵字。

# 03 目標關鍵字要放在文章標題的開頭

## 1 關鍵字的位置很重要

目標關鍵字並不是隨意放在文章標題中的任意位置都可以，根據筆者與企業客戶的部落格負責人員長年下來的反覆試驗，得到的結果是**部落格文章要盡量在最開始就放上標關鍵字，才容易提升搜尋排名**。

舉例來說，如果希望在「部落格 SEO」這個搜尋關鍵字之下獲得好的排名，比起使用「初學者也能懂的部落格 SEO 入門」，「部落格 SEO 入門　初學者也能懂」的效果會比較好。

● 目標關鍵字要放在文章標題的開頭

× 初學者也能懂的部落格SEO 入門
○ 部落格SEO 入門　初學者也能懂

下一個例子是筆者希望在「用電腦瀏覽行動版網站」的目標關鍵字之下提升搜尋排名，最後在 Google 搜尋排名第一的文章頁面。

● 筆者的部落格文章範例
（http://www.web-planners.net/blog/archives/000285.html）

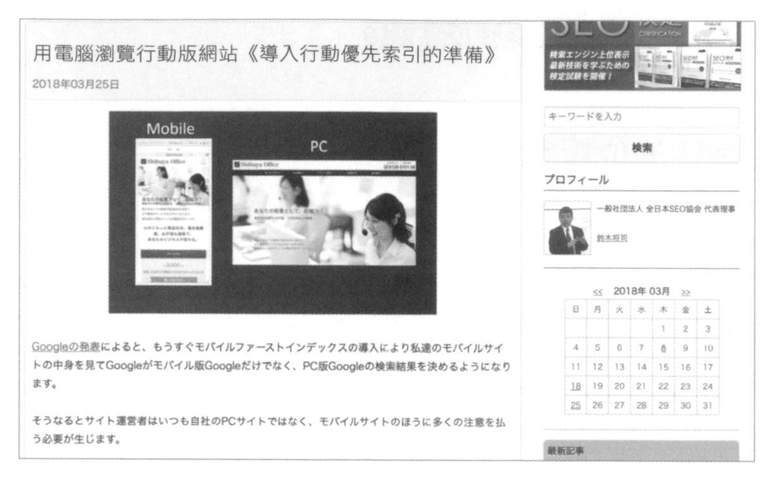


文章的標題一開始就直接寫下「用電腦瀏覽行動版網站」這個目標關鍵字。完整的標題是「用電腦瀏覽行動版網站《導入行動優先索引的準備》」，不過目標關鍵字放在開頭。

文章標題會直接顯示在部落格頁面的標題標籤，還有 Google 搜尋結果頁面的文字連結，因此會比較容易吸引搜尋引擎使用者的眼光。

● 部落格文章的標題標籤

```
<title>用電腦瀏覽行動版網站《導入行動優先索引的準備》｜智慧型手機時代的 SEO 資訊部落格</title>
  <!-- ↓↓ Google Analytics ↓↓ -->
<script>
(function(i,s,o,g,r,a,m){i['GoogleAnalyticsObject']=r;i[r]=
i[r]||function(){
(i[r].q=i[r].q||[]).push(arguments)},i[r].l=1*new
Date();a=s.createElement(o),
m=s.getElementsByTagName(o)[0];a.async=1;a.src=g;m.
parentNode.insertBefore(a,m)
})(window,document,'script','//www.google-analytics.com/
analytics.js','ga');
```

● Google 搜尋結果頁面範例

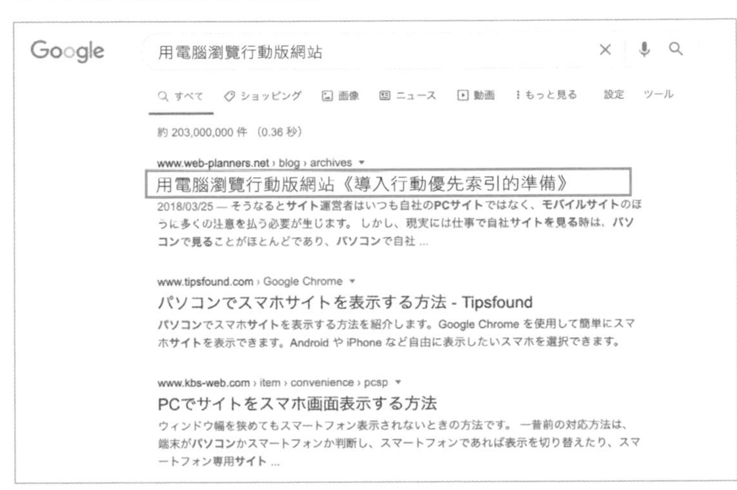


搜尋引擎的使用者傾向於點擊含有搜尋關鍵字的文字連結（文章標題），由於搜尋結果頁面中能夠顯示的字數有限，從這點看來「盡可能將目標關鍵字放在開頭」是有效果的，如果將關鍵字放在較長標題的後方，可能並無法吸引搜尋引擎使用者的注意。

點擊率高，Google 對網頁的評分也會變高，提升搜尋排名的機率也更高，這會形成一個良性的循環。

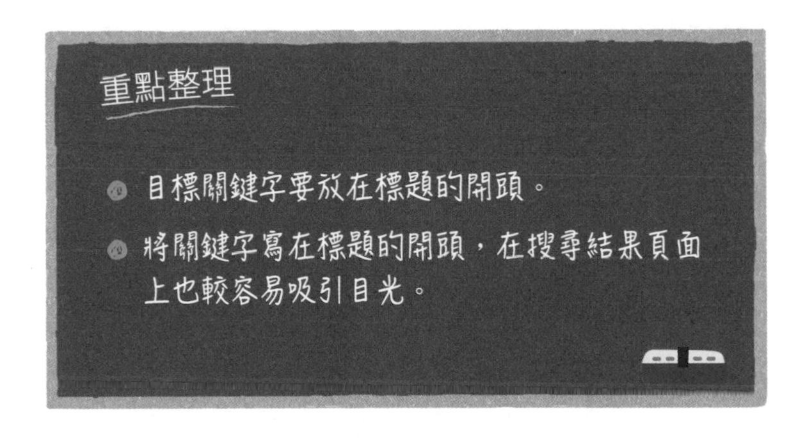

# 04 思考能夠吸引讀者注意的標題

## 1 吸引讀者注意的各種技巧

當自己的文章網頁出現在搜尋結果頁面時，也有其他方法可以提升點擊率，那就是文章標題的寫法要能夠吸引讀者的注意力。

具體的方法如下。

## 2 ① 在「【 】」中放入吸引讀者注意的文字

如下圖，在文章標題的開頭使用「【 】」符號，並放入簡潔且吸引讀者注意的文字，在搜尋結果頁面上就會變得非常醒目。

【最新版】【2021年】
【快報】【後續更新】
【重要】【最新資訊】
【針對初學者】【入門】
【必看】【不可不知】【解說】

● 筆者使用【 】讓文章標題更醒目，在 Google 搜尋結果中排名第二的範例

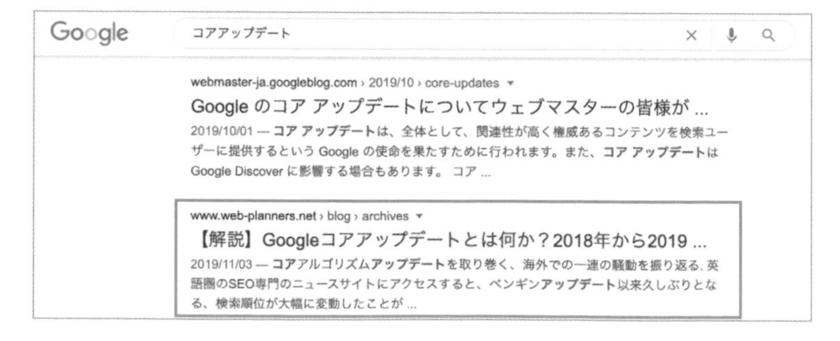

## 3 ② 引起好奇型

有些案例是採取週刊雜誌下標題的方式，將引起讀者好奇並想要繼續閱讀的語句放在標題的前後以提升排名。

……是真的嗎？
……的謊言與真相
……的真相
……的使用說明
其實是……
……的理由
……的新知
……因為Ｂ才導致Ａ？
其實不太妙……
其實很危險……

● Google 搜尋結果中引起好奇的部落格文章範例

kusanomido.com › 自然＆動物 ▾
其實很危險的地名【從危險漢字看出天災風險…- 草之實堂
**本当は危険な**地名. 地震大国として認識されている国、日本。 外国人が驚くような揺れでも、日本人にとっては特に何ともないほど慣れてしまっている。 他にも豪雨による川の氾濫や土砂崩れ、土地の液状化など日本人は様々な自然災害の ...

www.amazon.co.jp › 本当は危ない『論語』-ＮＨＫ出... ▾
Amazon.co.jp： 本当は危ない『論語』 (NHK出版新書 ...
Amazon.co.jp： **本当は危ない『論語』** (NHK出版新書) eBook: 加藤 徹: Kindleストア.

www.amazon.co.jp › 世にも危険な医療の世界史-リディ... ▾
世にも危険な医療の世界史 | ケイン, リディア, ピーダーセン ...
Amazonでケイン, リディア, ピーダーセン, ネイト, 久美子, 福井の世にも**危険な**医療の世界史。アマゾンならポイント還元本が多数。ケイン, リディア, ピーダーセン, ネイト, 久美子, 福井作品ほか、お急ぎ便対象商品は当日お届けも可能。

blog.goo.ne.jp › inisie_chajin ▾
本当は危険な地名 【危ない漢字が天災の ... - Goo ブログ
2020/05/31 — ... と縁が深い地域につけられる。土地が崩れやすい傾向が強いので要注意。・鶴（つる）川が鶴の首のようにうねっており氾濫が多かった。「津留」・亀（かめ）亀が獲... ⚠
**本当は危険な**地名【危ない漢字が天災のリスク ...

## 4 ③ 比較型

如果能將類似的事物與概念進行比較，就能吸引想要比較資訊的搜尋引擎使用者。

……XXXXX與YYYYY的差異
……徹底比較XXXXX與YYYYY
……驗證XXXXX與YYYYY的差異
……XXXXX與YYYYY哪一個比較ZZZZZ ？

● Google 搜尋結果中，將類似的事物、概念進行比較的文章

例如「隱適美」與「KIREILIGN」是不同的齒列矯正方式，筆者的客戶在上傳比較兩者差異的部落格文章後，在 Google 搜尋「KIREILIGN　隱適美　差異」時排名第二名，搜尋「KIREILIGN　隱適美」也是第二名，讓部落格的造訪次數有所提升。

● 採用比較型提升造訪次數的文章（https://ortho-masuda.com/2020/01/06/%E3%82%AD%E3%83%AC%E3%82%A4%E3%83%A9%E3%82%A4%E3%83%B3%E3%81%A8%E3%82%A4%E3%83%B3%E3%83%93%E3%82%B6%E3%83%A9%E3%82%A4%E3%83%B3-%E3%81%AE%E9%81%95%E3%81%84%E3%81%AF%EF%BC%81%EF%BC%9F/）

你知道 KIREILIGN 與隱適美的差異嗎！？

2020年8月18日　2020年1月6日

マウスピース矯正

日本矯正歯科学会認定医　歯学博士
増田　丈浩

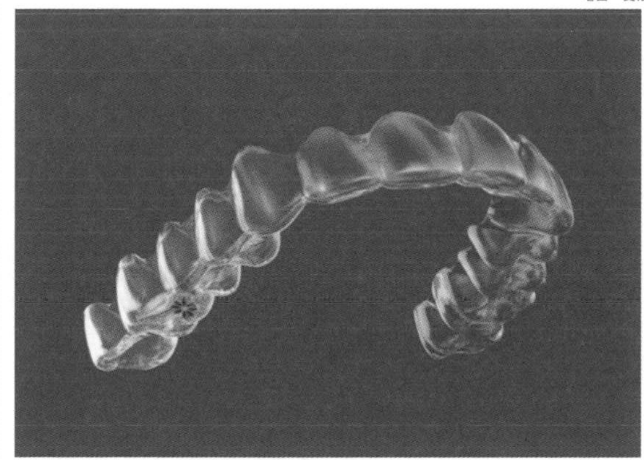

キレイラインとインビザラインの違い

最近キレイラインという言葉を耳にするようになりました。

インビザライン、キレイライン、どちらもマウスピース矯正になります。

ただし。誰もがキレイラインで治るわけではないため、自分にどちらが合うか見極めるのが大事になります。

色々な悩みが皆さんあると思うので順番にお話ししていきます。

目次［開く］

1.費用

## 5 ④ 轉折型

下述的轉折方式具有吸引使用者的效果，雖然轉折方式並無法應用於所有的文章標題，不過如果是適合的文章主題，就可以積極地使用。

……明明是A，卻B
……不輸A的B
……越是做A，就越B

● 轉折型的文章標題範例

oeufs-chair-gene.jp › ホーム › ダイエット ▾
為什麼吃越多肉會越瘦？！超簡單…
2015/07/08 — 野菜の良さはその道のプロに譲るとしまして、今日は**食べれば食べるほど**健康に悪く太るハズだと思われて ... **炭水化物**から食物繊維をのけたんが糖質、（食物繊維は人体で消化吸収でけへんので、カロリー換算しませんねん）.

www.pinterest.jp › pin ▾
在這個流行低醣低碳飲食的時代，説到白飯…
2019/02/19 - 糖質オフや**炭水化物**抜きダイエットが流行の今、ご飯といえば"デブの素"と、いかに量を減らすかばかりが注目されてきた。しかし、**食べれば食べるほど**、痩せやすい体質になる"ご飯"があったとしたら——それが、"もち麦"だ。

detail.chiebukuro.yahoo.co.jp › question_detail ▾
到底蔬菜是不是會越吃越餓…
2017/03/18 — **炭水化物**を沢山とると、血糖値が上昇しインスリンが沢山でて、血糖値が下がりすぎて、よけいにお腹が空くし、脂肪も貯まりやすくなります。痩せたいなら、**炭水化物**を控えて、野菜、肉、魚、中心に**食べ**ましょう。なにも、ごはんや、 ...
**食べれば食べるほど**痩せる食べ物ってないんですかねぇ ... 2020年7月4日
筋肉は**食べれば食べるほど**筋肉がつきますか？ - 増量中なの ... 2017年8月30日
筋トレメニューについて質問です。 - ①増量期の**炭水化物**の量 ... 2016年6月1日
detail.chiebukuro.yahoo.co.jp からの検索結果

## 6 ⑤ 省力型

整理類文章的標題。在第三課選擇主題時也曾說明，許多忙碌的現代人追求省時、省力，要引起這些讀者的共鳴，可以在標題加入帶有節省時間意味的文字。

……總整理
16個……
……的四件事
……的共通點
……完全手冊
……前十名
……四個小技巧
只要……就能合格！
……最少要……

尤其是「16個……（XXX個）」以及「總整理」的標題，現在在Google搜尋中較容易有好的排名。

使用競爭較激烈，也較難提升排名的美食類關鍵字搜尋後，會發現搜尋結果的第一頁幾乎有一半都是「XXX個」、「總整理」的標題，這一類的文章在一開始就寫下結論，讀者不需要從大量的資訊中取捨、選擇，是非常方便的文章。

● 搜尋「燒肉　新宿」後，Google 搜尋第一名到第十名的文章標題範例

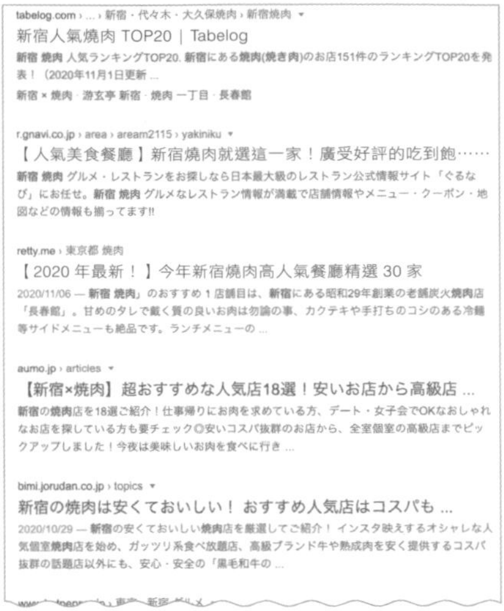

tabelog.com › ... › 新宿・代々木・大久保焼肉 › 新宿焼肉
新宿人氣燒肉 TOP20｜Tabelog
新宿 焼肉 人気ランキングTOP20. 新宿にある焼肉(焼き肉)のお店151件のランキングTOP20を発表！（2020年11月1日更新 ...
新宿 × 焼肉 · 游玄亭 新宿 · 焼肉 一丁目 · 長春館

r.gnavi.co.jp › area › aream2115 › yakiniku
【人氣美食餐廳】新宿燒肉就選這一家！廣受好評的吃到飽……
新宿 焼肉 グルメ・レストランをお探しなら日本最大級のレストラン公式情報サイト「ぐるなび」にお任せ。新宿 焼肉 グルメなレストラン情報が満載で店舗情報やメニュー・クーポン・地図などの情報も揃ってます!!

retty.me › 東京都 焼肉
【2020 年最新！】今年新宿燒肉高人氣餐廳精選 30 家
2020/11/06 — 新宿 焼肉」のおすすめ 1 店舗目は、新宿にある昭和29年創業の老舗炭火焼肉店「長春館」。甘めのタレで戴く質の良いお肉は勿論の事、カクテキや手打ちのコシのある冷麺等サイドメニューも絶品です。ランチメニューの ...

aumo.jp › articles
【新宿×焼肉】超おすすめな人気店18選！安いお店から高級店 ...
新宿の焼肉店を18選ご紹介！仕事帰りにお肉を求めている方、デート・女子会でOKなおしゃれなお店を探している方も要チェック◎安いコスパ抜群のお店から、全室個室の高級店までピックアップしました！今夜は美味しいお肉を食べに行き ...

bimi.jorudan.co.jp › topics
新宿の焼肉は安くておいしい！ おすすめ人気店はコスパも ...
2020/10/29 — 新宿の安くておいしい焼肉店を厳選してご紹介！ インスタ映えするオシャレな人気個室焼肉店を始め、ガッツリ系食べ放題店、高級ブランド牛や熟成肉を安く提供するコスパ抜群の話題店以外にも、安心・安全の「黒毛和牛の ...

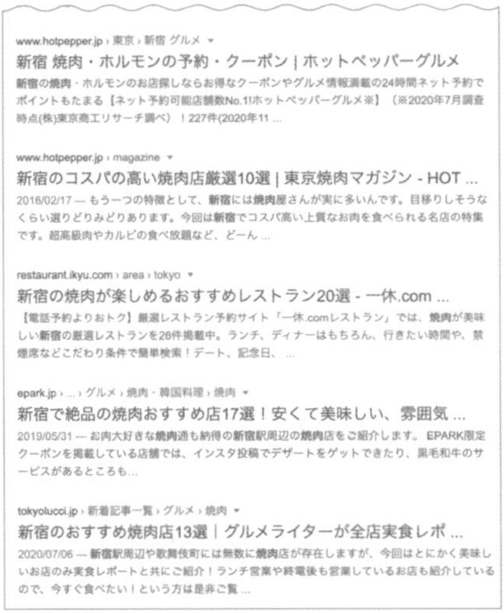

www.hotpepper.jp › 東京 › 新宿 グルメ
新宿 焼肉・ホルモンの予約・クーポン | ホットペッパーグルメ
新宿の焼肉・ホルモンのお店探しならお得なクーポンやグルメ情報満載の24時間ネット予約でポイントもたまる【ネット予約可能店舗数No.1!ホットペッパーグルメ※】（※2020年7月調査時点(株)東京商工リサーチ調べ）！227件(2020年11 ...

www.hotpepper.jp › magazine
新宿のコスパの高い焼肉店厳選10選 | 東京焼肉マガジン - HOT ...
2016/02/17 — もう一つの特徴として、新宿には焼肉屋さんが実に多いんです。目移りしそうなくらい選りどりみどりあります。今回は新宿でコスパ高い上質なお肉を食べられる名店の特集です。超高級肉やカルビの食べ放題など、どーん ...

restaurant.ikyu.com › area › tokyo
新宿の焼肉が楽しめるおすすめレストラン20選 - 一休.com ...
【電話予約よりおトク】厳選レストラン予約サイト「一休.comレストラン」では、焼肉が美味しい新宿の厳選レストランを26件掲載中。ランチ、ディナーはもちろん、行きたい時間や、禁煙席などこだわり条件で簡単検索！デート、記念日、 ...

epark.jp › ... › グルメ › 焼肉・韓国料理 › 焼肉
新宿で絶品の焼肉おすすめ店17選！安くて美味しい、雰囲気 ...
2019/05/31 — お肉大好きな焼肉通も納得の新宿駅周辺の焼肉店をご紹介します。EPARK限定クーポンを掲載している店舗では、インスタ投稿でデザートをゲットできたり、黒毛和牛のサービスがあるところも...

tokyolucci.jp › 新着記事一覧 › グルメ › 焼肉
新宿のおすすめ焼肉店13選｜グルメライターが全店実食レポ ...
2020/07/06 — 新宿駅周辺や歌舞伎町には無数に焼肉店が存在しますが、今回はとにかく美味しいお店のみ実食レポートと共にご紹介！ランチ営業や終電後も営業しているお店も紹介しているので、今すぐ食べたい！という方は是非ご覧 ...

文章標題不是平鋪直敘即可，必須要培養習慣，時常留意如何吸引讀者注意並提升點擊率。

## 重點整理

- 部落格文章的標題必須要設法吸引讀者的注意。
- 使用【】，放入吸引讀者注意力的文字。
- 標題中的文字如果可以引起讀者好奇或是告訴讀者能夠輕鬆獲取資訊，也相當有效。

# 05 ②作者的信用

## 1 作者資訊的重要性

近年來，除了文章標題之外，Google 還很重視「**寫文章的人**」，也就是**作者資訊**。

就算文章的結構、內容、圖片都很棒，但是所寫的內容與事實並不相符，這樣的資訊反而可能帶來風險，尤其是健康與金融相關領域，假資訊可能會直接對讀者的生命與財產帶來影響，因此搜尋引擎會更加慎重，盡量不讓使用者接觸到這樣的資訊。

舉例來說，假設有使用者因為家裡的貓不舒服，因此搜尋貓的疾病，這時候雖然搜尋排名在前面的網頁資訊並不正確，讀者卻還是遵循網頁建議，最後可能因此導致貓的狀況更加惡化。

在 2007 年，網路上的錯誤醫療資訊氾濫，Google 在官方網站上宣布導入新的演算法，讓可信度低的網頁內容無法提升搜尋排名。

- 「醫療與健康相關搜尋結果的改善」（https://webmaster-ja.googleblog.com/2017/12/for-more-reliable-health-search.html）

Google 網站管理員官方部落格

Google フレンドリーなサイト制作・運営に関するウェブマスター向け公式情報

醫療與健康相關搜尋結果的改善

2017年12月6日水曜日

Google 在本周更新日語搜尋的網頁評分方式。

本次變更是希望能改善醫療與健康相關的搜尋結果，像是醫療從業人員、專家、醫療機構等提供的高可信度，對讀者有幫助的資訊會比較容易提升排名。本次更新會影響到約 60% 的健康、醫療相關搜尋，Google 除了醫療與健康領域，往後也會持續對搜尋的演算法進行改善。

現在、毎日数百万件以上の医療や健康に関する日本語のクエリが Google で検索されています。これを分析してみると、医療の専門用語よりも、一般人が日常会話で使うような平易な言葉で情報を探している場合が大半です。日本のウェブには信頼できる医療・健康に関するコンテンツが多数存在していますが、一般ユーザー向けの情報は比較的限られています。

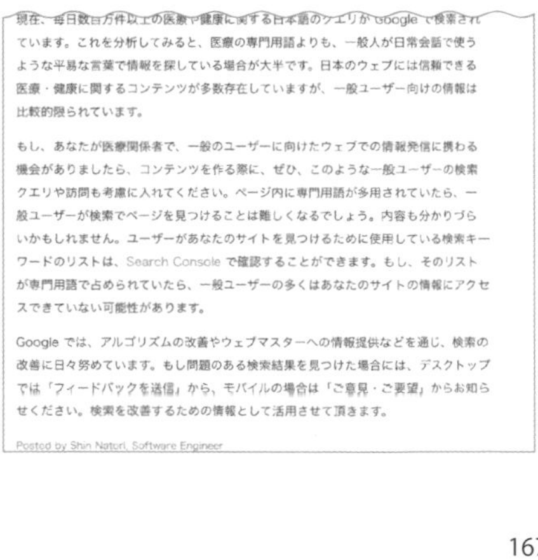

もし、あなたが医療関係者で、一般のユーザーに向けたウェブでの情報発信に携わる機会がありましたら、コンテンツを作る際に、ぜひ、このような一般ユーザーの検索クエリや訪問も考慮に入れてください。ページ内に専門用語が多用されていたら、一般ユーザーが検索でページを見つけることは難しくなるでしょう。内容も分かりづらいかもしれません。ユーザーがあなたのサイトを見つけるために使用している検索キーワードのリストは、Search Console で確認することができます。もし、そのリストが専門用語で占められていたら、一般ユーザーの多くはあなたのサイトの情報にアクセスできていない可能性があります。

Google では、アルゴリズムの改善やウェブマスターへの情報提供などを通じ、検索の改善に日々努めています。もし問題のある検索結果を見つけた場合には、デスクトップでは「フィードバックを送信」から、モバイルの場合は「ご意見・ご要望」からお知らせください。検索を改善するための情報として活用させて頂きます。

Posted by Shin Natori, Software Engineer

演算法改善之後，可信度較低的醫療資訊網頁搜尋排名大幅下降，而可信賴的作者與集團所經營的網站，網頁的搜尋排名則有顯著的提升。

## 2 在文章的開頭寫下作者的頭銜與姓名

在這樣的背景下，文章開頭寫下作者頭銜與姓名的部落格，在 Google 搜尋排名顯著提升的案例開始增加。

評價文章時會需要評估文章的可信度，就如同第一課所說明的「E-A-T（專業性、權威性、可信度）」。而盡量詳細寫下文章的作者資訊，就是為了證明 E-A-T 中的第三項「Expertise（專業性）」。

### 除了 YMYL，其他領域的作者資訊也相當重要

根據 Google 發布的 General Guidelines（品質評價準則），YMYL（Your Money Your Life：人們的經濟與生活）相關領域對 E-A-T（專業性、權威性、可信度）特別注重。然而，最近除了這個領域以外，我們也越來越確定證明文章作者的 Expertise（專業性）有助於提升搜尋引擎的排名。因此，建議可以將部落格作者的資訊寫在文章開頭，並且在作者資訊的欄位放上連結，導向寫有作者經歷與想法的頁面。

醫療與健康、美髮[1]、法律等需要考取執照的領域，明確說出自己擁有執照將有助於提升搜尋排名。此外，即使是不需要執照的領域，如旅行與興趣等主題的部落格，也建議透過文字與圖片展現自己經驗豐富的一面。

舉例來說，如果部落格的主題是迪士尼的介紹，就可以寫下自己實際上在什麼時候去了迪士尼，並且放上大量當時拍攝的照片。

如果是美髮沙龍的經營者，就能寫下個人的進修與實務經驗，並且盡可能提供年、月、日等時間資訊，並列出具體的工作地點。如果有與顧客

1 在日本成為美髮師需要考取執照。

在工作場合的合照，或是參加美髮相關展覽所購買的門票，都可以放上照片，附上更多佐證。

透過這個方式，就能以客觀的方式告訴讀者與 Google，自己是有資格對特定領域發表看法的。

## 3　為什麼要在文章的開頭寫下作者資訊

在文章開頭寫下頭銜與姓名是有原因的，**將這些資訊放在文章的最後，並不利於 SEO**。如果寫在文章的開頭，讀者就能在瀏覽文章前知道寫文章的作者是不是專家。

站在讀者的立場，如果能在閱讀文章前知道作者的經歷，就能夠放心繼續閱讀。

● 在部落格文章的開頭寫下頭銜與姓名的範例

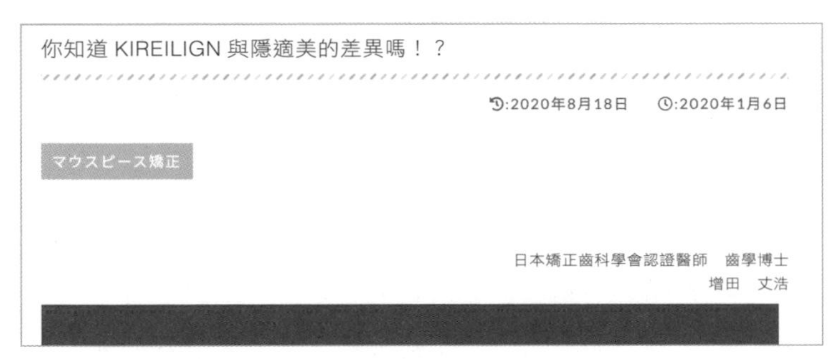


### 如果部落格的**作者只有一位，就不需要**

不過，有一種情況下並不需要每次都在文章開頭放上作者的資訊，那就是只有一位部落格作者的情況。

如果部落格作者只有一位，就在部落格的側邊欄位最上方放上照片與似顏繪肖像，並在下方提供簡介介紹，也可以放上連結，讓讀者前往部落格經營者介紹頁面進一步瀏覽。

● 部落格的作者只有一位時的作者介紹範例

如果是企業、集團等組織經營的部落格，一個部落格有多位作者寫作，為了讓各篇文章的作家更明確，建議可以在文章的開頭寫下作者資訊。

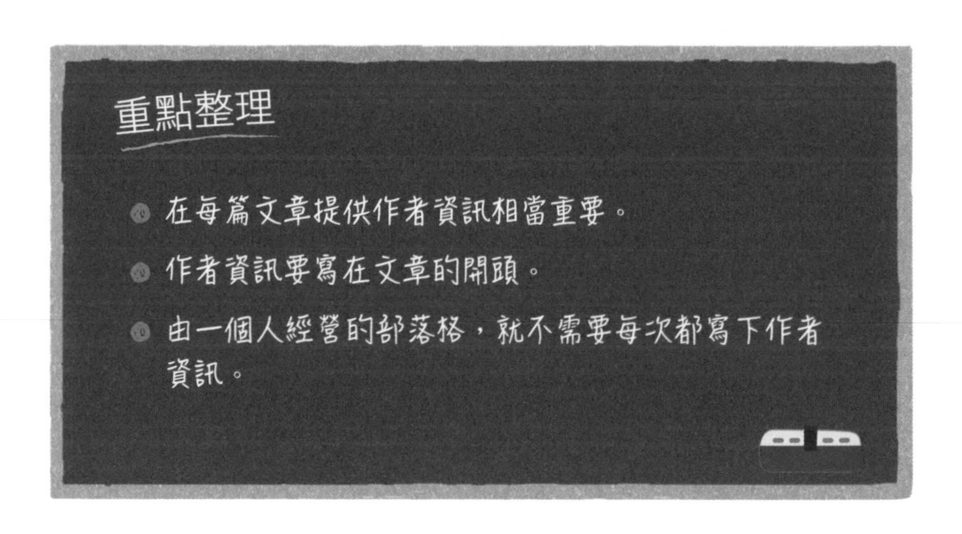

# 06 ③文章結構

## 1 符合文章主題的文章結構

接下來要介紹的是有助於 SEO 的「文章結構」。

不習慣寫部落格的人都會煩惱要用什麼樣的結構來寫文章，有些人可以自己從經驗判斷，不過文章的寫法本來就沒有一定規則，因此幾乎所有人都是以自己的風格寫作。

而這裡將針對第三課說明的「高需求主題」（參考 114 頁）分別介紹適合的文章結構，只要掌握不同文章主題分別適合什麼樣的結構，寫文章時就可以省去煩惱的時間，有效率地開始寫作。這些文章結構除了對 SEO 有效果之外，也易於讀者閱讀，而易於閱讀，就代表讀者在閱讀時較容易理解內容。

## 2 「新聞解說」的文章結構

新聞文章的建議結構如下。

1. 新聞的概要
2. 這篇新聞對讀者會帶來什麼影響
3. 建議讀者因應方式

新聞類的文章如果只有新聞內容，文章的評分並不會上升。先寫下「新聞概要」，概略解說該則報導的意思，說明可能對讀者有什麼影響，再進一步建議讀者如何因應，如此一來文章就產生了附加價值。提升文章的原創性對於 SEO 是極具效果的。

● 新聞解說的文章範例
（https://www.web-planners.net/blog/archives/000353.html）

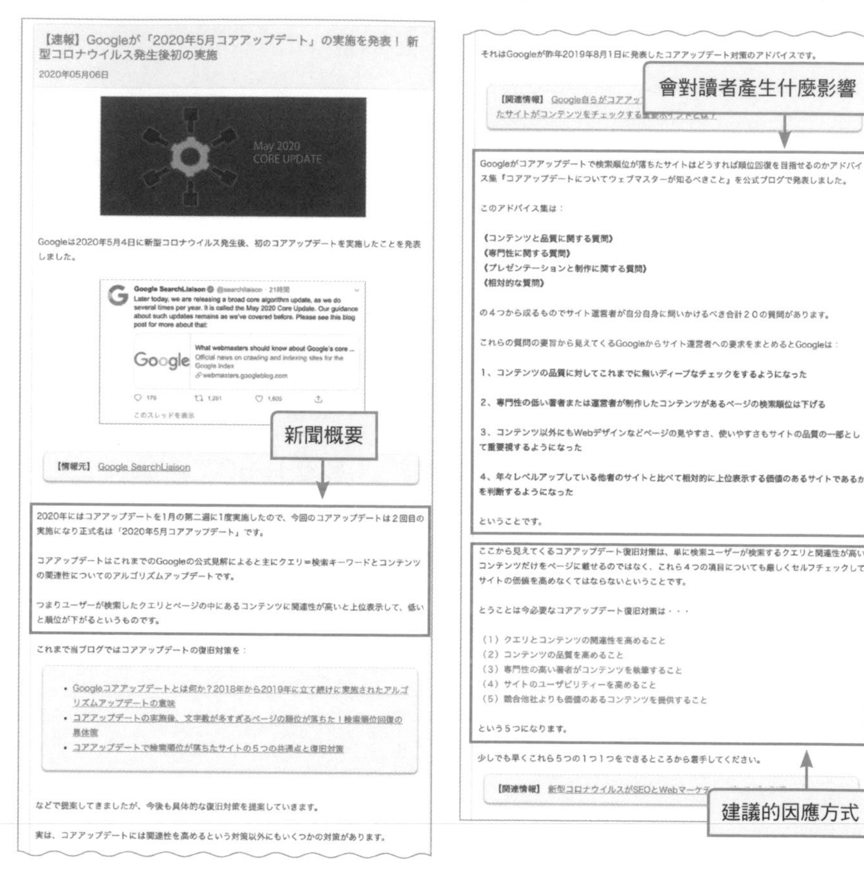


【速報】Googleが「2020年5月コアアップデート」の実施を発表！ 新型コロナウイルス発生後初の実施

2020年05月06日

May 2020 CORE UPDATE

Googleは2020年5月4日に新型コロナウイルス発生後、初のコアアップデートを実施したことを発表しました。

Google SearchLiaison @searchliaison · 21時間
Later today, we are releasing a broad core algorithm update, as we do several times per year. It is called the May 2020 Core Update. Our guidance about such updates remains as we've covered before. Please see this blog post for more about that:
What webmasters should know about Google's core ...
Official news on crawling and indexing sites for the Google index
webmasters.googleblog.com
179 1,281 1,605
このスレッドを表示

【情報元】 Google SearchLiaison

2020年にはコアアップデートを1月の第二週に1度実施したので、今回のコアアップデートは２回目の実施になり正式名は「2020年5月コアアップデート」です。

コアアップデートはこれまでのGoogleの公式見解によると主にクエリ＝検索キーワードとコンテンツの関連性についてのアルゴリズムアップデートです。

つまりユーザーが検索したクエリとページの中にあるコンテンツに関連性が高いと上位表示して、低いと順位が下がるというものです。

これまで当ブログではコアアップデートの復旧対策を：

- Googleコアアップデートとは何か？2018年から2019年に立て続けに実施されたアルゴリズムアップデートの意味
- コアアップデートの実施後、文字数が多すぎるページの順位が落ちた！検索順位回復の具体策
- コアアップデートで検索順位が落ちたサイトの５つの共通点と復旧対策

などで提案してきましたが、今後も具体的な復旧対策を提案していきます。

実は、コアアップデートには関連性を高めるという対策以外にもいくつかの対策があります。

それはGoogleが昨年2019年8月1日に発表したコアアップデート対策のアドバイスです。

【関連情報】 Google自らがコアアップ…
たサイトがコンテンツをチェックする…

Googleがコアアップデートで検索順位が落ちたサイトはどうすれば順位回復を目指せるのかアドバイス集『コアアップデートについてウェブマスターが知るべきこと』を公式ブログで発表しました。

このアドバイス集は：

《コンテンツと品質に関する質問》
《専門性に関する質問》
《プレゼンテーションと制作に関する質問》
《相対的な質問》

の４つから成るものでサイト運営者が自分自身に問いかけるべき合計２０の質問があります。

これらの質問の要旨から見えてくるGoogleからサイト運営者への要求をまとめるとGoogleは：

1、コンテンツの品質に対してこれまでに無いディープなチェックをするようになった

2、専門性の低い著者または運営者が制作したコンテンツがあるページの検索順位は下げる

3、コンテンツ以外にもWebデザインなどページの見やすさ、使いやすさもサイトの品質の一部として重要視するようになった

4、年々レベルアップしている他者のサイトと比べて相対的に上位表示する価値のあるサイトであるかを判断するようになった

ということです。

ここから見えてくるコアアップデート復旧対策は、単に検索ユーザーが検索するクエリと関連性が高いコンテンツだけをページに載せるのではなく、これら４つの項目についても厳しくセルフチェックしてサイトの価値を高めなくてはならないということです。

とうことは今必要なコアアップデート復旧対策は・・・

（1）クエリとコンテンツの関連性を高めること
（2）コンテンツの品質を高めること
（3）専門性の高い著者がコンテンツを執筆すること
（4）サイトのユーザビリティーを高めること
（5）競合他社よりも価値のあるコンテンツを提供すること

という５つになります。

少しでも早くこれら５つの1つ1つをできるところから着手してください。

【関連情報】 新型コロナウイルスがSEOとWebマーケテ…

## 3 「說明意思」的文章結構

「說明意思」的文章並不能只是像字典一樣說明意思（定義），因為也有很多網站與部落格是查詢相同字典來寫文章的。字典式的介紹並不屬於高原創性的內容，很難在搜尋結果頁面提升排名。此外，單純說明意思的文章網頁字數較少，從這點看來也不利於 SEO。

為了避免這個問題，在文章提供附加價值就相當重要，可以直接運用第三課 05「分析哪些主題需求較高」中說明的「**解決文章字數不足的技巧**」（120 頁）。而意思說明的部分只要加上以下元素，自然就能寫出符合 SEO 的文章結構。

- 加入自己的解釋
- 寫下自己的意見，或多或少都可以
- 提供例子和比喻
- 與其他類似的概念相互比較
- 盡量附上許多圖表、插圖、照片等，促進讀者的理解
- 在同一個部落格中尋找其他相關性高的網頁，貼上連結提供相關資訊
- 相關性高且有助於讀者蒐集資料的參考網站和來源網站，就貼為外部連結

● 「Pongee 布」（尚未印刷成廣告旗之前的純色材質）的說明文章
（http://www.order-nobori.com/blog/home/archives/000143.html）

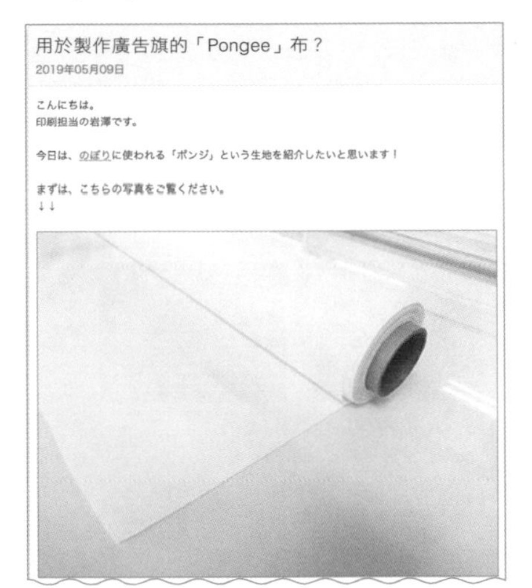
用於製作廣告旗的「Pongee」布？
2019年05月09日

こんにちは。
印刷担当の岩澤です。

今日は、のぼりに使われる「ポンジ」という生地を紹介したいと思います！

まずは、こちらの写真をご覧ください。
↓↓

こちらの真っ白な生地が
のぼりを印刷する前の「ポンジ」です。
こんな風に反物（ロール）になっているんですよ。

のぼりの販売サイトに行くとどこもかしこも、生地は「ポンジ」って書かれていると思いますが
正直お客様レベルではポンジが一体どんなものなのか分からないですよね？
あるいは、なぜそんなに、のぼりにポンジが使われるのかとか。

そこで、今回のブログでは「ポンジ」について
詳しくご説明させていただきます！

外を歩けばたくさんののぼりを見かけると思いますが、
実は、そのほとんどはこの「ポンジ」という生地が使われています。

ポンジ生地の一番の特徴は、
と言いますか、これが唯一にして最大の特徴なのですが

薄くて軽い

こと。

そしてそれがコストの安さにつながり、
のぼりとして、最大のパフォーマンスを発揮します。

のぼりをお作りいただいたお客様に
納品後に実施しているアンケートで
「生地が思っていたよりも薄かった」
というお声をいただくことがありますが
それこそがまさにポンジの最大の特長なのです。

もちろん、それにはきちんとした理由、意味がありますので
今から説明しますね。

## 4 說明「～方法」的文章結構

說明「～方法」則要具備以下結構。

1. 導言
   （1）同理讀者因為不知道方法而感到困擾的心情
   （2）讓讀者知道自己因為過去累積的某個經驗而知道解決方法
2. 將步驟附上編號，一個個透過文字與圖片來解說
3. 總結

說明步驟時，應該避免太多專業用語，如果一定得使用，可以在文章中加入簡單的說明。

如果用語說明的篇幅太大，可以在另一頁進行解說，並且在網站內貼上相關資訊的連結。

進一步說明步驟時，就算覺得麻煩也要附上圖片，協助讀者理解文章。

● 搜尋「醫療級假髮　染色方法」後，排名前面的文章範例
（https://www.iryouyouuiggu.net/15748164180012）

醫療級假髮（100% 真髮）的染色方法

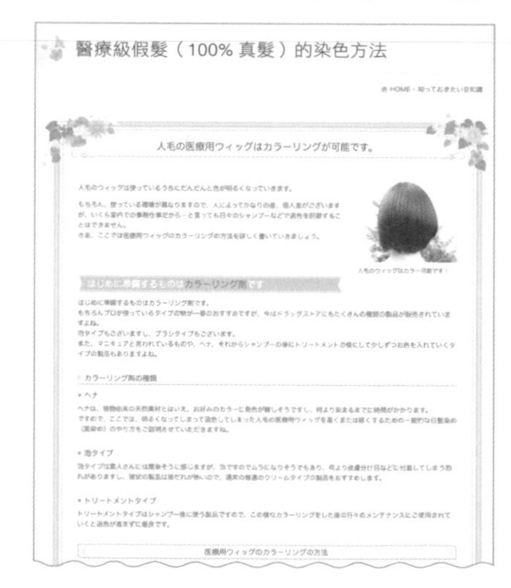


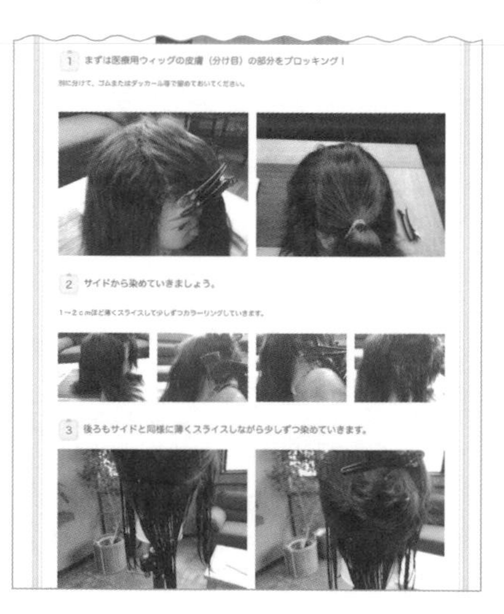

## 5 「分析優點與缺點」的文章結構

這個主題的文章讀者，通常會傾向於購買特定的商品與服務，是可以直接帶動營收成長的重要主題。

根據筆者的調查，不要把優點與缺點分開寫為不同文章，寫在同一篇文章是最有效果的。如下所示，在前半部分列出五個以上的優點，後半部分列出五個以上的缺點，相較之下比較容易獲得好的搜尋排名。

1. 導言
2. 優點1
3. 優點2
4. 優點3
5. 優點4
6. 優點5
7. 缺點1
8. 缺點2
9. 缺點3
10. 缺點4
11. 缺點5
12. 總結

讀者想看的是優點與缺點的比較，因此在同一個頁面中進行比較，比起分別在不同網頁說明，會較受讀者的青睞。

● 搜尋「Yahoo!購物中心　開店　優點」、「Yahoo!購物中心　開店　缺點」後，排在前面的文章範例

在 Yahoo! 購物中心開店的優點與缺點

Yahoo! 購物中心的未來可期

2017年現在、国内のショッピングモールはは楽天市場、アマ
の三強体制です。 多くの人が楽天市場やアマゾンを選ぶなかで、
を選ぶ人たちも多数います。

在 Yahoo! 購物中心開店的缺點

これまで話だけだとメリットしか無いように聞こえたかもしれませんが、メリットしか無いサービスは残念ながらまずこの世には存在しません。メリットの裏には必ずデメリットがあるものです。 Yahoo!ショッピングへ出店するデメリットとしては次のようなものがあります。

リソースが分散される

ショッピングモールで店舗を構えるのにはかなりのエネルギーが要求されます。在庫管理、Webデザイン、セールスライティングなどには多くの時間がかかります。

そのため独自ドメインでサイトを運営している企業はもとより、楽天市場やアマゾンなどにも出店している場合は、手間暇が何倍もかかるという最初は見えなかったコストが負担になります。

酷

料化の影響もあり、出店企業数日本一です。確かにたくさんの店舗
あり集客力を高める効果がありますが、それは同時に出店企業数
を増やしユーザーに来店してもらうためには一層の努力が求めら

在 Yahoo! 購物中心開店的優點

説到國內的網路購物平台，樂天絕對是第一名。不過，如果要選擇開店的平台，也應該要將 Yahoo! 購物中心列入考量。這是因為 Yahoo! 購物中心具有以下的優點。

開店成本低

首先，Yahoo! 購物中心跟樂天市場的差別在於不需要開店費用，需要支出的只有製作網頁的人力費用，以及外包費用。而費用低廉就是一項很大的優點。

サポートを通じて知識が得られる

次に、Yahoo!ショッピングに出店するには一点の審査が必要です。この審査に合格ためのサポートをある意味追加料金なしで利用する事が出来ます。それによりネット販売の経験が無い企業でも一定の知識を得ることが出来ます。

Tポイント等出店企業向けのサービスが利用できる

先ほども触れたようにソフトバンクグループの総合力を動員してTポイントが活用できること、ソフトバンクユーザーの送客施策の恩恵を得ることが可能です。

文章的標題是 H1 標籤，副標題則是 H2 標籤，所列舉的一個個優點與缺點則使用 H3 標籤呈現，這樣一來 Google 會比較容易理解，SEO 的效果也更好。

● 適當設定 H 標籤，對 SEO 會有很好的效果

```
<h1> 在 Yahoo! 購物中心開店的優點與缺點？ </h1>

<div class="bxKnowledge">

<div class="btm20">
<img alt="yshopping.png" src="/knowledge/yshopping.png"
width="577" height="300" class="mt-image-center"
style="text-align:
center; display: block; margin:0 auto 20px;"/>
<h2>Yahoo! 購物中心的未來可期 </h2>
```

```
<h2> 在 Yahoo! 購物中心開店的優點 </h2>

說到國內的網路購物平台，樂天絕對是第一名。
不過，如果要選擇開店的平台，也應該要將 Yahoo! 購物中心列入考量。
這是因為 Yahoo! 購物中心具有以下的優點。

<h3> 開店成本低 </h3>
首先，Yahoo! 購物中心跟樂天市場的差別在於不需要開店費用，需要支出的只有製作網頁的人
力費用，以及外包費用。
而費用低廉就是一項很大的優點。
```

## 6 「彙整成功案例、失敗案例」的文章結構

他人的成功案例與失敗案例是很容易引起讀者興趣的主題。寫作時不要直接寫下做一件事的方法，運用成功與失敗的案例來介紹，會讓文章更加容易閱讀。

成功案例與失敗案例的文章結構如下。

● 介紹成功案例的文章結構

1. 導言
2. 告訴讀者有個成功的案例
3. 介紹成功案例

4. 分析成功的理由
5. 歸納並介紹從案例觀察到的成功法則
6. 貼上通往介紹其他成功案例網頁的內部連結

● 介紹失敗案例的文章結構

1. 導言
2. 告訴讀者有個失敗的案例
3. 介紹失敗案例
4. 分析失敗的理由
5. 歸納並介紹從案例觀察到的不失敗法則
6. 貼上通往介紹其他失敗案例網頁的內部連結

● 失敗案例的部落格文章範例
（https://www.shibuya-office.co.jp/blog/2019/03/post-106.html）

慘了！講電話的失敗經驗

電話代行の渋谷オフィス
公開日：2019.03.27 | 更新日：2019.11.23

目次：
1. 電話失敗談：慌てて失敗！
2. 電話失敗談：気を抜いて失敗
3. 電話失敗談：その場の勢いで失敗
4. 電話失敗談：いつもの癖で失敗
5. 電話失敗談：最後はちょっとおもしろく
6. 電話は難しい、出来ればプロに任せたい
    1. 【関連情報】



電話応対スーパーバイザー：雪野朱音

電話応対にあまり慣れてない方は、冷静に落ち着いている時でも対応するときは緊張するものですよね。 それが忙しい時や、もしくは新入社員の時などは、さらに緊張したりして大きな失敗をしてしまうこともありますよね。 そこで今回はそんな、電話での失敗談集めてみました。

電話失敗經驗：慌亂中搞砸了！

慌てている時の電話応対はかなり厳しいものです。
しかも、ミスしていることに気付かないこともあるんですよね。

・保留ボタンを押さずに受話器を切る

これはきっと経験された人も多いのではないでしょうか。
しかも、この失敗は相手に対してもかなり失礼な失敗になってしまうので、きっと顔面蒼白ですよね。

・変な敬語を使う

とっさに使う敬語、これも難しいものです。 とある商社で働く私の友人に「社長でございますか？」というところ「社長でござっしゃいますか？」と、トンデモ敬語で答えた経験のある人がいます。 この時は相手が笑ってくれたそうですが、いつもそうとはいきません。

・名前を間違える

これもよくあります。 中には慌てていたあまり、会社に隠していたバイト先の名前を答えてしまった人もいるようです。 大事な取引先の方の名前、間違えることを考えただけでもぞっとします。

電話失敗經驗：疏忽之下搞砸了！

## 7 「諮詢案例」的文章結構

**即使作者缺乏該領域的經驗也很容易書寫**的，就屬彙整諮詢案例的文章了。回想看看曾經從提問表單收到的問題，以及接受諮詢的案例，只要加上自己的回覆內容，就是一篇完整的文章了。

以諮詢案例為主題的文章如果採用以下結構，會更容易書寫。

1. 導言
2. 寫下什麼時候收到諮詢委託，或是收到問題
3. 說明諮詢或問題的內容
4. 詳細寫下當時是如何回答的
5. 統整對部落格讀者來說重要的部分

● 以 Q&A 方式呈現客戶諮詢內容的文章範例
（https://www.iryouyouuiggu.net/Page/USP0029）

Q 修理假髮大約會需要多少時間？

こんにちは！いつもお世話になっております。
私はかれこれ10年以上あっちパパのウィッグを使用している３３歳の主婦です。
毎日、仕事と育児に追われながらも、お陰様で自分に合ったウィッグで楽しく生活をしています！
これまで大体１年に１回くらいの頻度でネットで購入し、あっちパパのウィッグを使ってきたのですが、髪の傷みは仕方ないにしても、まだまだ使えそうなのに買い替えをしてしまっているかもしれないと考えるようになりました。
そういうわけで色々と考えた末に、あっちママさんにこうして相談をしてみようと思いました。
修理をするとしたら、どのくらいの期間ウィッグをお預けすることになりますか？
そして、ウィッグを送るときはどのようにして送ったら良いのでしょうか？汚れていたらダメですよね？
シャンプー、トリートメントをしてよく乾かしてから送ったほうがいいでしょうか？ ヘアオイル等は付けてはだめですよね？
修理をしようと決めてから、よく考えたらわからないことばかりで悩んでしまったのでメールをさせて頂きました。

いつも相談に乗っていただいていて、ありがとうございます！
今回もどうぞよろしくお願いいたします。お返事お待ちしております^^

A 約需要一到一個半月可以送件。

こんにちは！いつもご利用ありがとうございます。
早速ですがお返事です。
修理の際は、まず購入ページからお手配頂きまして、修理のご希望内容のメモをつけてお品物をお送り頂きます。

その際ですが、必ず追跡のできる宅急便等にてお送りくださいね。
大切なウィッグが紛失してしまうと大変ですので…

そして、お送り頂く際にはシャンプー等は不要です。
こちらでシャンプー&トリートメントをしてお手元にお届けさせて頂きますので、そのままで大丈夫です。
修理とシャンプー等で納期を約１ヵ月～１ヵ月半ほど頂きます。
それでは、ご検討の上、また何でもお申し付け下さいませ。

あっちパパのシャンプー&トリートメント代行はこちらから

## 8 「價格與費用行情」的文章結構

寫價格與費用行情的文章時，一定要注意「**不能寫上自家公司商品與服務的價格與費用**」。

大部分的情況下，讀者希望從這類文章中得到的並不是特定企業商品與服務之價格、費用，而是一般來說該業界的行情如何，如果只是一味地寫下自己想賣的商品、推薦商品與服務的價格及費用，將與讀者的期待不符，導致互動率下降。

**記得壓抑想要銷售的心情，舉出足夠的商品、服務價格，最後再提自己推薦的商品與服務之價格與行情**，這麼一來，讀者就能獲得足夠的判斷資訊，文章也就能滿足讀者的需求。

價格、費用行情的文章結構範例如下。

● 以商品與服務的價格及費用行情為主題時之文章結構

1. 導言
2. 描述市場中商品與服務的價格、費用行情趨勢
3. 說明A公司銷售的商品與服務之價格、費用
4. 說明B公司銷售的商品與服務之價格、費用
5. 說明C公司銷售的商品與服務之價格、費用
6. 說明D公司銷售的商品與服務之價格、費用
7. 說明E公司銷售的商品與服務之價格、費用
8. A到E的價格、費用比較表
9. 結論（行情究竟是多少？）
10. 總結

● 介紹醫療級假髮價格行情的範例

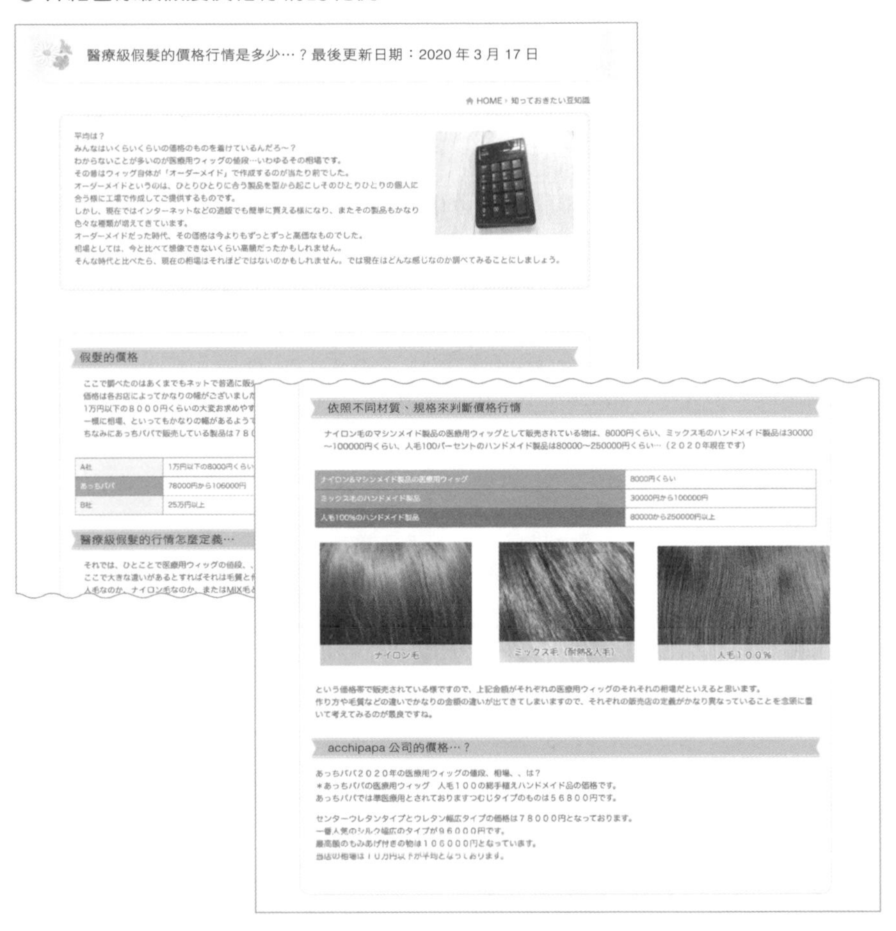

醫療級假髮的價格行情是多少…？最後更新日期：2020 年 3 月 17 日

HOME › 知っておきたい豆知識

平均は？
みんなはいくらいくらいの価格のものを着けているんだろ～？
わからないことが多いのが医療用ウィッグの値段…いわゆるその相場です。
その昔はウィッグ自体が「オーダーメイド」で作成するのが当たり前でした。
オーダーメイドというのは、ひとりひとりに合う製品を型から起こしそのひとりひとりの個人に合う様に工場で作成してご提供するものです。
しかし、現在ではインターネットなどの通販でも簡単に買える様になり、またその製品もかなり色々な種類が増えてきています。
オーダーメイドだった時代、その価格は今よりもずっとずっと高価なものでした。
相場としては、今と比べて想像できないくらい高額だったかもしれません。
そんな時代と比べたら、現在の相場はそれほどではないのかもしれません。では現在はどんな感じなのか調べてみることにしましょう。

假髮的價格

ここで調べたのはあくまでもネットで普通に販
価格は各お店によってかなりの幅がございました
1万円以下の８０００円くらいの大変お求めやす
一概に相場、といってもかなりの幅があるようで
ちなみにあっちパパで販売している製品は７８

| A社 | 1万円以下の8000円くらい |
| --- | --- |
| あっちパパ | 78000円から106000円 |
| B社 | 25万円以上 |

醫療級假髮的行情怎麼定義…

それでは、ひとことで医療用ウィッグの値段、、
ここで大きな違いがあるとすればそれは毛質と
人毛なのか、ナイロン毛なのか、またはMIX毛

依照不同材質、規格來判斷價格行情

ナイロン毛のマシンメイド製品の医療用ウィッグとして販売されている物は、8000円くらい、ミックス毛のハンドメイド製品は30000～100000円くらい、人毛100パーセントのハンドメイド製品は80000～250000円くらい…（２０２０年現在です）

| ナイロン&マシンメイド製品の医療用ウィッグ | 8000円くらい |
| --- | --- |
| ミックス毛のハンドメイド製品 | 30000円から100000円 |
| 人毛100%のハンドメイド製品 | 80000から250000円以上 |

ナイロン毛
ミックス毛（耐熱&人毛）
人毛１００%

という価格帯で販売されている様ですので、上記金額がそれぞれの医療用ウィッグのそれぞれの相場だといえると思います。
作り方や毛質などの違いでかなりの金額の違いが出てきてしまいますので、それぞれの販売店の定義がかなり異なっていることを念頭に置いて考えてみるのが最良ですね。

acchipapa 公司的價格…？

あっちパパ２０２０年の医療用ウィッグの値段、相場、、は？
＊あっちパパの医療用ウィッグ　人毛１００の総手植えハンドメイド品の価格です。
あっちパパでは準医療用とされておりますつむじタイプのものは５６８００円です。

センターウレタンタイプとウレタン幅広タイプの価格は７８０００円となっております。
一番人気のシルク幅広のタイプが９６０００円です。
最高額のもみあげ付きの物は１０６０００円となっています。
当店の相場は10万円以下が平均となっております。

## 9 「說明A與B差異」的文章結構

如果是說明差異的文章，不要預設讀者對比較項目都具有一定的了解，而是要適度解釋 A、B 分別是什麼意思，具有什麼特徵，然後再說明兩者的差異。寫文章時要預設讀者是初學者、第一次入門，這樣文章將能獲得讀者的肯定。

1. 導言
2. 向讀者說明A與B很相似，因此難以分辨其中差異
3. 說明A的意思與特徵
4. 說明B的意思與特徵
5. 解釋A與B的差異為何
6. 總結

● 「氧化鋯　陶瓷　差異」的 Q&A 文章
（https://www.smile-clinic.com/consul/pg397.html）

【問題】
歯の被せ物にセラミックというものが以前からありますが、最近ジルコニアという文字を目にします。何が違うのか？どちらを選べばいいのでしょうか？

【回答】
陶瓷與氧化鋯的差異是什麼？

セラミックは陶器のような焼き物やガラスをイメージしてもらうといいと思います。
ニケイ酸リチウムガラスを使って耐久性を高めたものもありますが、一般的には
見た目はきれいだけれど、金属に比べて割れやすいという特徴があります。

ジルコニアはジルコニウムの酸化物で模造ダイヤとも言われているように、固く、耐久性が高いのが特徴ですが、色はセラミックのように繊細で細かい表現の
ものが出来ません。イメージとしては金属に代わる材料で、白く、頑丈なイメージです。

材料的には以上になりますが、さらにセラミックとジルコニアについて、具体的に使い方でご説明したいと思います。

以補牙為例

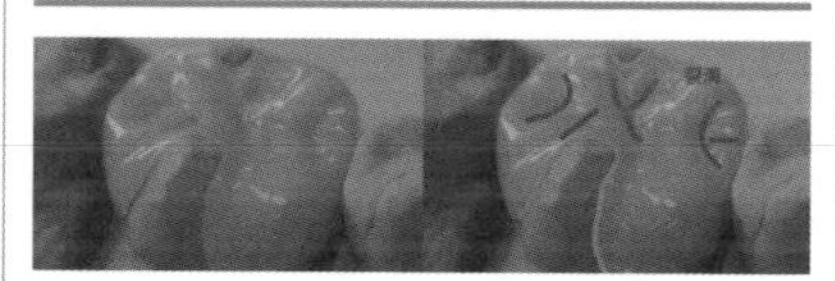

まず、歯に詰め物（部分的に歯を削る）をする場合ですが、詰め物の形は複雑でむし歯の大きさによって、詰め物には薄い部分と厚い部分が生じます。また、噛み合わせによっては歯の辺縁部の応力が集中する部分に力がかかる場合があります。

こうした「薄い部分」や「応力が集中」する部分では、セラミックだとかなり欠ける確率が高くなります。これはレジンなどのプラスチックも同様です。ところが、ジルコニアですと、踏んづけても割れないような強度があり、欠けのリスクを軽減させることができます。

以牙冠為例

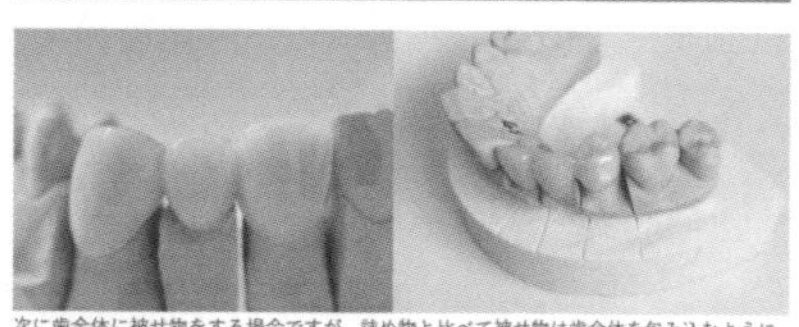

次に歯全体に被せ物をする場合ですが、詰め物と比べて被せ物は歯全体を包み込むようにしますので、厚さも均一に近い形にしやすく、応力の集中も減らすことができますので詰め物に比べて圧倒的に欠けにくくなります。

従いまして、被せ物で歯の色を重視したい場合にはセラミックを使用することになります。前歯はもちろん、人によりますが、会話で口を開いたときに自然に見える部分に被せ物をする時には、セラミックは優れた審美性を見せてくれます。

つまり、
審美性を重視する場合　セラミック>ジルコニア
強度を重視する場合　　セラミック<ジルコニア
となります。

ただ、最近では、ジルコニアにセラミックを混ぜた折衷案的な商品や、ジルコニアを裏打ちにして表面をセラミックで加工したものなどがあり、それぞれの患者さんの歯の噛み合わせや、詰め物や被せ物の場所や本数、状況に応じて細かい使い分けをご提案させていただいております。

本院使用的陶瓷、氧化鋯補綴物

・カタナセラミック

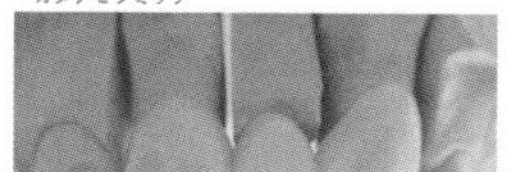

## 10 「商品與服務的評價、感想」的文章結構

考慮購買的潛在客戶還想知道一個資訊，就是**有實際購買經驗的客戶評價**。如果要發表客戶評價類的文章，就要一併說明自己是如何知道客戶評價，以及該客戶的特徵等，這樣一來讀者可以更容易理解內容。客戶評價相關的文章結構如下。

1. 導言
2. 說明如何得知顧客評價
3. 介紹該顧客的特徵
4. 忠實呈現顧客提供的評價
   （如果需要保護個人資訊，可以採用匿名方式，讓他人無法辨識）
5. 根據客戶評價，闡述該商品、服務的特徵，並說明購買的好處
6. 對提供評價的顧客表達感謝

● 公寓大樓裝潢的評價文章（http://recoreform.cocolog-nifty.com/apartment_reform/2011/12/post-0f1f.html）

為公寓大樓住家訂製家具的客戶評價

こんにちは、コーディネーターの薄井です。

もう、今年もあと1週間ほどとなりましたね。

エコリフォームのスタッフも、今年の工事を無事に完了させていただくため、

また、年明けに始まる工事の準備などで、めまぐるしく動いています♪

さて、先日、今年の6月に、マンションのリビングにオーダー家具を

造らせて頂きましたH様のお宅へ伺ってきました。

その家具とは！こちらです。

幅は、2m80ｃｍほどあります、扉の一部は鏡になっていて、中は本棚なんですよ♪

家具のデザイン、奥行きや高さ、素材など、元々のお部屋のインテリアに

馴染むように、作らせて頂いたのです。

壁面いっぱいの大きな家具ですので、いかにも"家具があります"、という

感じには、したくありませんでした。

ですので、お友達のこのお言葉には、本当に「ヤッタ！」と思いました。

他にも、

はじめはオーダーの家具とは、全然お考えでなかったという

御主人様が、出来上がった今は、オーダーしてみて本当に良かったと仰る

心境の変化や、セミオーダーの家具と比べて、どんなところが違うか等、

実際に作ってみられた方だからこそのご意見を、詳し～くお聞かせ頂きました。

お話の内容は、記事にまとめて、ホームページでご紹介をさせて頂く予定

ですので、お楽しみに♪

H様、お忙しいところ、本当にありがとうございました。

### 如果是聯盟行銷

**感想與評價類的文章是聯盟行銷者擅長的主題**。比起企業宣傳，現代消費者更想知道已經向企業購買商品與服務的消費者真實心聲為何。

聯盟行銷者只要以自己實際使用商品、服務的經驗為主軸進行寫作，很容易就能產出有說服力的文章。聯盟行銷者的感想文章結構如下。

● 聯盟行銷者感想文章的結構

1. 導言
2. 明確告知自己實際使用過商品與服務
3. 具體描述自己是何時何地，在什麼樣的條件下體驗該商品與服務
4. 除了文字外，說明時也盡量附上照片與影片來證明
5. 詳細書寫使用感想
6. 最後寫下給讀者的訊息作結

## 11 「多項商品、服務的評比、比較、排名」的文章結構

如果文章主題為多項商品、服務的評比、比較、排名，單純放上比較與排名的部分，讀者對文章的評價並不會很高。先對比較的商品提供簡單說明，解釋自己是如何收集資訊，之後再整理出比較表吧。這麼一來不僅文章字數充足，而且立場客觀，可以獲得讀者的好評。

具體的結構如下。

1. 導言
2. 說明自己是以什麼樣的方法蒐集資料的
3. 說明這次要比較各項商品、服務的哪一個部分，會不會進行排名
4. 對商品、服務A進行簡單說明
5. 對商品、服務B進行簡單說明
6. 對商品、服務C進行簡單說明
7. 對商品、服務D進行簡單說明
8. 對商品、服務E進行簡單說明
9. 對商品、服務F進行簡單說明
10. 提供讀者商品／服務A到F的比較表
11. 最後說明結論，總結文章

## 12 「經驗分享」的文章結構

是難度較高的主題，舉例來說，搜尋「國中升學考試」、「飲食控制」等關鍵字後，排在前面的幾乎都是有實際經驗者的經驗分享文章。

書寫經驗分享文章，必須要具體寫出自己為什麼會獲得這樣的經驗，又是何時、何處經驗的，並試著依照時序，用描述趣聞的方式寫作。加上自己的感想作為結論也很有效果。

1. 導言
2. 敘述自己為什麼會有這個經驗
3. 說明自己是何時、何處，以什麼樣的方式體驗的
4. 依照時序，將經驗以描述趣聞的方式寫下
5. 寫下經驗感想作為結論
6. 總結

# 13 「～的種類」的文章結構

介紹許多種類的文章，要在文章中對每個種類逐一帶過說明。這麼一來，除了標題「～的種類」之外，所介紹的 A、B、C 等關鍵字分別都有機會提升排名。

再進一步針對個別種類建立說明的頁面，在文章中貼上連結，這麼做無論是網頁本身或是連結導向的頁面，搜尋排名都更容易提升。

1. 導言
2. 介紹種類A
3. 介紹種類B
4. 介紹種類C
5. 介紹種類D
6. 介紹種類E
7. 介紹種類F
8. 總結

● 說明性病種類的文章範例
（https://www.aozoracl.com/seibyoushurui）

關於性病

性病とは、原因菌が人の体内に侵入することによって感染する「感染症
す。 主な感染原因は、感染している人との「性交渉」です。

以前は、梅毒、淋病、軟性下疳（なんせいげかん）鼠径リンパ肉芽腫（
ぱにくげしゅ）の４種類の病気を性病と呼んでいましたが、現在では多
染症が存在しており、性病のことを総じて『性感染症』（STD=
transmitted infectionもしくはSTI=Sexually Transmitted Infec
ばれています。

性病の感染経路は、唾液（だえき）や体液などの分泌物、血液からにな

一番感染者が多い性病は、生殖器的披衣菌感染。

症状として排尿時に痛みやかゆみなどがありますが、女性の場合、５０
覚症状がなく感染していると言われています。

また、のどの性病は８０％ほど自覚症状がありません。

性病は早期発見をすれば、治癒（ちゆ）する病気がほとんどですが、近
が効かないまたは、効きにくい病原菌も増えています。

披衣菌感染

性器クラミジア感染症は、日本における感染者数が一番多い性病で、「クラミジアトラコマティス」という病原体を原因する性病です。

男性の初期症状としては、排尿時の痛みや尿道のかゆみ、通常時と違う違和感、尿道からでてくる膿（うみ）、分泌液がでてきます。

進行すると精巣上体の腫れ発熱（精巣上体炎）につながります。

女性の場合、おりものの増加、下腹部の痛み、不正出血といった症状が一般的ですが、女性は、感染していても無症状の場合が多く、気が付かないうちに病状が進行する事があります。

感染の潜伏期間は、数日から５週間程度ですが、感染の機会から24時間後から精密検査を受けることができます。

治療には抗生剤が用いられ、お薬を飲み終わってから1ヶ月後に治癒（ちゆ）検査を行ない完治を確認すると良いでしょう。

症状

男性：尿道の違和感や排尿痛などの症状が出ますが、無症状のことも多いです。

## 重點整理

- 掌握每種文章主題的結構，寫作就能更省力。
- 時刻留意所寫文字要讓初學者也能理解。
- 評比類文章如果針對每個項目提供簡單的說明，就會有足夠的文章字數。

# 07 4論點依據

## 1 根據事實提供資訊

理解文章結構之後就要開始寫作了，寫作前希望各位留意一件事。

那就是「自己所寫的資訊是否有客觀的依據」。要提升搜尋排名，就必須提供正確的資訊給搜尋引擎的使用者。

本書多次說明 E-A-T 之中，文章若是符合第三個基準「Trustworthiness（可信度）」，Google 會給予更高的評分。反過來說，可信度不足的文章將很難提升排名。

## 2 附上可信度高的來源資料連結

為了要讓文章具有 Trustworthiness（可信度），在文章內主張的意見與說明，都要以「出處」或是「參考網站」、「參考資料」、「資料來源」等方式予以佐證。

舉例來說，如果要在文章中說明「兒童時期的「睡眠疾病」會影響成長和發育」，就要附上外部連結，提供論點依據。選擇可信度高，最好是有權威性的網站並貼為外部連結，會很有效果。

下一個例子是由內科醫師執筆的文章，以兒童睡眠為主題。為了證明自己的論點，文章中只要提到相關的內容，就馬上在該段落下方標上「出處：」，並於後方加入說明文字「文部科學省『生活習慣中，睡眠與兒童獨立的關聯性之相關調查結果』」，將實際上提供該筆資訊的文部科學省網站網頁貼為外部連結。

● 兒童睡眠相關文章範例

（https://banno-clinic.biz/sleep-disorders-children/）

成人において、睡眠障害は生活習慣病、こころの病気にかかりやすいことが分かっています。

一方、小児期では「睡眠疾病」會影響成長及發育 。そのため、早期の治療を要します。

このページでは、子どもの睡眠で困っている養育者のために、知っておきたいポイントを説明します。

參考網站

年級數越高，課堂上想睡覺的比例越高

図表 2－5－1　Q15 学校がある日の午前中、授業中にもかかわらず眠くて仕方がないことがありますか。（学校段階別）

| | よくある | ときどきある | あまりない | ない |
|---|---|---|---|---|
| 小学生 (n=4784) | 10.5% | 24.6% | 29.1% | 35.8% |
| 中学生 (n=8002) | 20.3% | 39.4% | 25.8% | 14.5% |
| 高校生 (n=10325) | 36.6% | 41.9% | 15.8% | 5.6% |

小学生では約10%、中学生では約20%、高校生では36%の生徒が、授業を受けているときに眠くて困っています。

出處：參考文部科學省「生活習慣中，睡眠與兒童獨立的關聯性之相關調查結果」製表

藉由這個方式，讀者如果想要確認作者說的是否屬實，隨時都可以進行「事實查核」（fact check，確認是否為事實），帶給讀者方便。

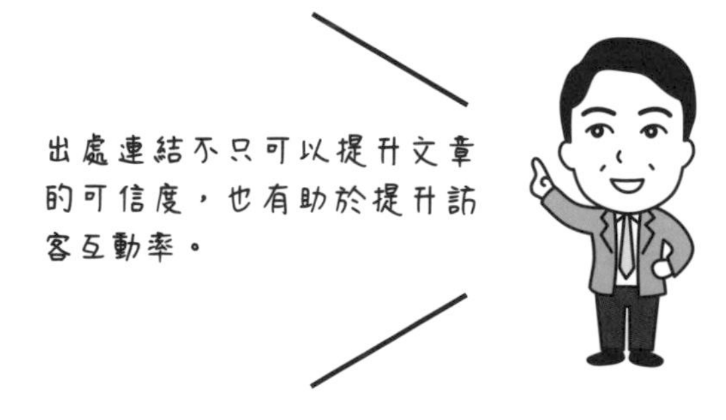

● 外部連結導向的文部科學省網頁
（https://www.mext.go.jp/a_menu/shougai/katei/1357460.htm）

文部科学省 MINISTRY OF EDUCATION, CULTURE, SPORTS, SCIENCE AND TECHNOLOGY-JAPAN

絞り込み検索 | サイトマップ | English

文字サイズの変更 小 中 大 サイト内検索 検索

会見・報道・お知らせ | 政策・審議会 | 白書・統計・出版物 | 申請・手続き | 文部科学省の紹介 | 教育 | 科学技術・学術 | スポーツ | 文化

トップ > 教育 > 幼児教育・家庭教育 > 家庭の教育力の向上 > これまでの調査研究報告、事例集等 > 睡眠を中心とした生活習慣と子供の自立等との関係性に関する調査の結果

生活習慣中，睡眠與兒童獨立的關聯性之相關調查結果

文部科学省では、小・中・高校生を対象として、睡眠を中心とした生活習慣と自立や心身の不調等との関係性について明らかにするため、初の2万人規模による全国的な調査を実施しました。

1．調査の概要

（1）調査対象

小学校第5学年から高等学校第3学年までの学年ごとに100校（各校1クラス、計800クラス）を抽出（全て公立学校）。
<回収数>
800校のうち771校から回収（回収率※96．4%）。有効回収数は23，139票。
※配布した学校数に対する回収した学校数の比率（%）
（内訳）小学校　195校（回収率97．5%）
中学校　281校（回収率93．7%）
高等学校　295校（回収率98．3%）

（2）調査時期

平成26年11月

（3）調査内容

下記の項目（35問）についてマークシート形式で実施。
<調査項目>
○睡眠の状況、○食事の状況、○情報機器との接触、○自立や心身の不調等　など

資料來源與外部連結不要最後才一次附上，重要的段落之後馬上就使用顯眼的方式附上連結，有助於提升文章的可信度。除了讓讀者閱讀起來感到放心之外，對於SEO也相當有效。

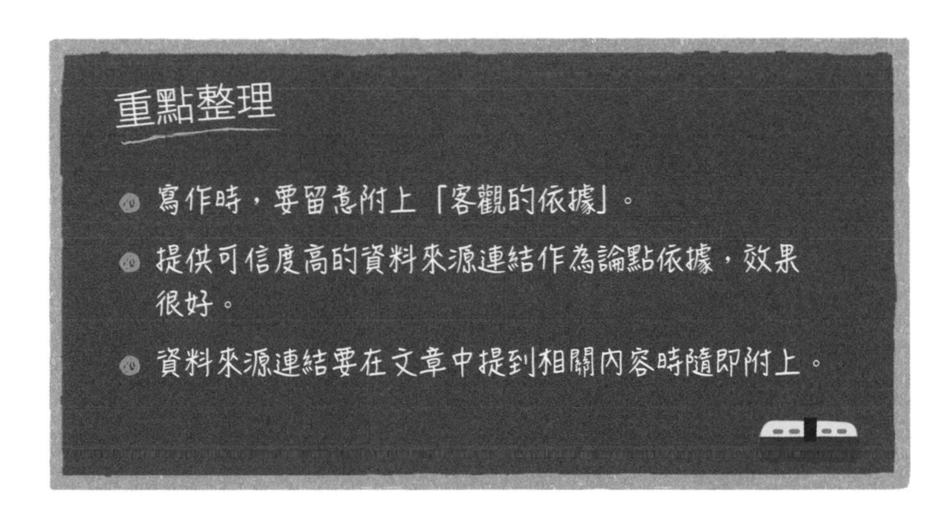

# 08 ⑤努力提升網站停留時間

第一課曾經說過，**網站停留時間**是評估「**訪客互動率**」時其中一個因素。停留時間越長，就表示使用者越喜歡所瀏覽的網站。

要提升網站停留時間，大致上可以從兩個方向努力。

## 1 ① 如果部落格、網站內有相關性高的網頁，則貼上連結作為相關資訊

在搜尋結果中排在前幾名的網頁，許多都會在文章中貼上高度相關的站內網頁連結。這個趨勢從 Google 在 2018 年 3 月開始實施核心演算法更新後就相當明顯。筆者發現這個特徵並實際嘗試後，發現越是徹底執行，搜尋排名越是提升。

如果站內有相關度高的網頁，記得在段落正下方寫下【相關資訊】或【參考資料】，並將相關性高的網頁貼為站內連結。

● 在文章中貼上連結，導向站內高相關性的網頁

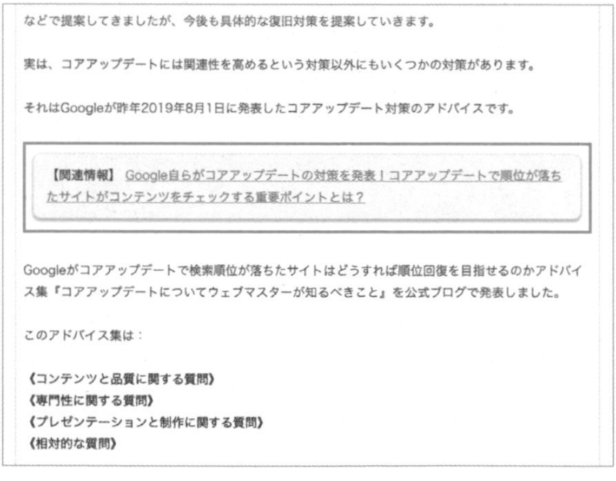

などで提案してきましたが、今後も具体的な復旧対策を提案していきます。

実は、コアアップデートには関連性を高めるという対策以外にもいくつかの対策があります。

それはGoogleが昨年2019年8月1日に発表したコアアップデート対策のアドバイスです。

【関連情報】 Google自らがコアアップデートの対策を発表！コアアップデートで順位が落ちたサイトがコンテンツをチェックする重要ポイントとは？

Googleがコアアップデートで検索順位が落ちたサイトはどうすれば順位回復を目指せるのかアドバイス集『コアアップデートについてウェブマスターが知るべきこと』を公式ブログで発表しました。

このアドバイス集は：

《コンテンツと品質に関する質問》
《専門性に関する質問》
《プレゼンテーションと制作に関する質問》
《相対的な質問》

網站停留時間的計算，是「從搜尋結果頁面點擊連結進入網站，直到再次回到搜尋結果頁面的時間」。讓搜尋引擎使用者瀏覽站內相關網頁可以延長網站停留時間，有助於提升訪客互動率。

## 2 ② 努力提升讀者對作者的好感

如果讀者喜歡部落格的作者，就不會只瀏覽從搜尋結果頁面點擊的文章，也會想要閱讀其他網頁，這樣一來平均頁面瀏覽次數，以及網站停留時間都會增加。

要提升讀者對作者的好感，可以嘗試以下方式。

### ① 透過導言同理讀者的問題與煩惱

導言就是文章開頭所寫的「文章重點」。導言的好壞可以影響讀者是否有意願往下閱讀。

寫作時應該要在導言表示自己對讀者身處情況深有同感，以及自己也曾與讀者一樣經歷辛苦的過程等，如此一來讀者往下閱讀文章的機率將大幅增加。

● 引發讀者共鳴的導言範例 1
（https://www.shibuya-office.co.jp/blog/2020/06/post-249.html）

電話応対スーパーバイザー：雪野朱音

原本現代人在不知不覺中就出現缺乏溝通的情形。

正是因為基本的溝通不足，才越來越多人對商務場合的溝通，也就是所謂的商務溝通感到頭痛吧。

有些人抱持著錯誤見解，卻又企圖達到更好的商務溝通，而以下將提到幾個商務溝通上常見的誤解。

社外編その1：社外でのビジネスコミュニケーションは社内での評価と関係ない

ビジネスコミュニケーションでありがちな誤解ということで、まずは社外でのビジネスコミュニケーションにおける誤解についてお話していきましょう。

● 引發讀者共鳴的導言範例 2
（https://www.iryouyouuiggu.net/15707750276756）

在網路上購買假髮的讀者，可能會遇到頭圍剛好，頭後方（後面中間附近）
卻多了兩公分，鬆鬆的令人很介意，還有，脖子後方的髮際線要是能再短個一點五公分就很清爽…

又或者戴在耳際的部分很痛等等，戴起來總是不太合，明明只要調整好那個部分就可以……有很多人遇到這樣的情況。

至於假髮的哪個部分戴起來較鬆，當然如果是在實體商店試戴、購買，當場就能夠調整與修正為適合的大小，但並不是所有客人都能夠來店購買的。

（本店可以先透過電子郵件聯繫，只要負擔來回運費，附上留言將假髮寄至本店，就能協助消費者調整尺寸）

假設只想要調整橡皮圈的部分，只要簡單修剪就可以自行調整，而縫合也並不是那麼困難。

那麼，就讓我們試著調整醫療用假髮的尺寸吧！

ネープ部についている調節ゴムの詰め方

1 ちょうど良い調節フックの位置を確認してください。
何cm詰めたいかおおよその長さを決めます。

## ② 以初學者的角度書寫文章

第 112 頁也曾提到，請預設造訪網頁的讀者並沒有任何背景知識，盡力避免在文章中使用專業用語，如果沒有任何說明就重複使用專業用語，將導致讀者的離開率提升。

如果使用專業用語，請以註腳（寫於文章下方的附註）的方式補充，或是另外建立解釋專業用語的網頁，讓讀者點擊用語就能連結到該網頁。

## ③ 作者不要對自己與公司自我吹噓

讀者並不是為了看部落格文章作者，還有作者所屬企業自我吹噓才使用搜尋引擎，文章標題是對讀者的一種承諾，請專注於遵守承諾。

## ④ 讀者不喜歡商品宣傳、只考量自己利益的發言，請避免

請盡可能避免在部落格文章中宣傳自家公司的商品與服務，否則對文章感興趣的讀者會變少。寫部落格文章時，隨時都要留意重視部落格文章的客觀性，為讀者提供有益的資訊，才能夠提升文章網頁的造訪次數以及訪客互動率。

商品宣傳不要放在部落格文章這種免費幫助讀者的內容中，而是只放在銷售相關的網頁，吸引對商品、服務有興趣的使用者。

另外，讀者也不喜歡作者只考量自己利益的發言，也就是只考量自己的立場、身處情況而發表的言論。寫部落格文章時很容易會犯這個錯誤，請以獲得讀者的信任為目標，不要為了眼前的利益而在文章中寫下只考量自己利益的發言。

## ⑤ 不要寫別人的壞話和對社會的不滿

這也是寫部落格時很容易犯下的錯誤。寫文章的過程中越來越大膽，就寫下別人的壞話，或是為了一掃平時鬱悶的情緒，就寫下對社會的不滿，如此很可能會失去對讀者的信用。

### 重點整理

- 提升網站停留時間將有助於提升網頁評分。
- 積極貼上站內連結，連向站內相關性高的網頁。
- 努力提升讀者對部落格作者的好感相當有效。

# 09 6 讓文章的內容清楚易懂

## 1 增加文章的「瀏覽深度」

讓讀者讀到文章的最後，也就是增加「瀏覽深度」，能夠有效改善訪客互動率。要增加瀏覽深度，讓「內容更容易理解」是很重要的，方法如下。

## 2 ① 在文章開頭放上吸引讀者注意的標頭圖片

這在所有主題的部落格文章中是最重要的一點。

文章的開頭如果放上符合主題的標頭圖片，就能吸引前來瀏覽文章的使用者，促使他們更想往下閱讀。

● 標頭圖片的範例
（https://www.web-planners.net/knowledge/001154.php）

## 3 ② 在適當位置貼上有助於理解文章內容的圖片

這也是所有主題的部落格文章中最重要的重點。

相較於純文字的文章，讀者更喜歡圖片豐富的部落格文章，因為圖片能幫助讀者更容易理解文章的內容。

Google 認為網頁放上許多圖片，特別是原創的照片與插畫更受讀者青睞，因此也會傾向於提升這類網頁的搜尋排名。

● 放上許多圖片，幫助讀者理解
（https://banno-clinic.biz/gifu-kenkou-shindan/）

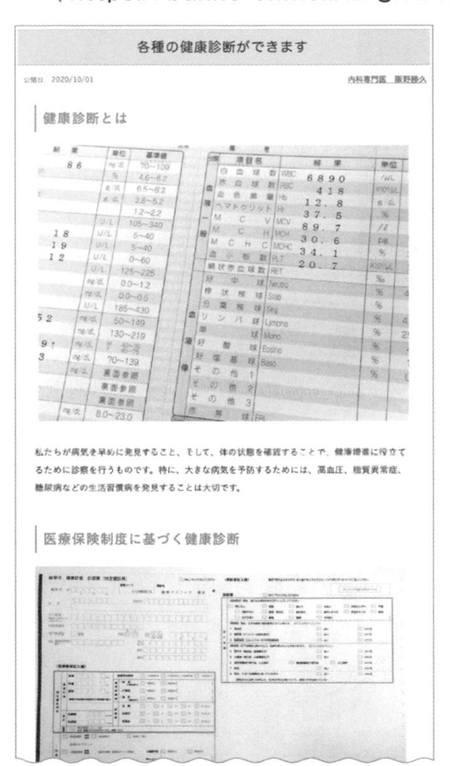


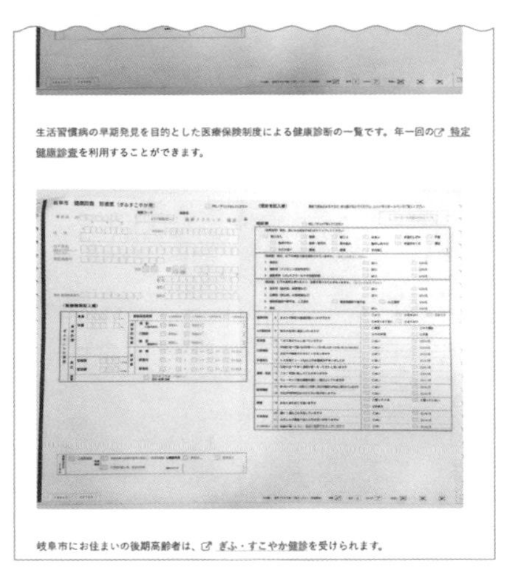

## 4 ③ 在適當的位置放上影片

不只是圖片，最近影片也會為網頁帶來好的影響。尤其是將 Youtube 影片嵌入網頁中，不僅能增加使用者的停留時間，YouTube 頻道訂閱人數也可能會提升。

● 在部落格文章中放上影片
（http://www.order-nobori.com/blog/home/archives/000329.html）

貼上影片，可以增加使用者停留時間，也有助於提升訪客互動率。

## 5 ④ 使用 H 標籤加入標題

具有一定字數的部落格文章對 SEO 有好的效果，不過像流水帳的長文是難以閱讀的。

寫文章時不要只是一直寫下去，適度使用 H 標籤插入副標題（H2 標籤）、小標題（H3 標籤），可以讓長文容易閱讀許多。加上副標題與小標題之後，即使使用者沒有讀完所有文章內容，只看標題也可以理解網頁的概要。而容易理解的文章，也更有機會讓讀者閱讀到最後。

● 適當使用標題標籤的文章範例
（https://www.web-planners.net/blog/archives/000357.html）

網頁的段落標題或文章標題是否正確呈現出網頁內容，分段是否有助於讀者理解？

1. 文章標題與段落標題內容的一致性、正確性

網頁的標題與文章開頭的大標題，如果與網頁文章內容完全無關是不行的。

ここで大事なのは、以下の内容を軽視しないということです：

・タイトル（タイトルタグの中身）
・大見出し・小見出し

そして上記の各内容と、ページのコンテンツ全体との間にギャップが生じないようにしましょう。

● 文章的原始碼

```
<h2> 網頁的段落標題或文章標題是否正確呈現出網頁內容，分段是否有助於讀者理解？ </h2>
<br/>

<h3>1. 文章標題與段落標題內容的一致性、正確性 </h3><br/>

網頁的標題與文章開頭的大標題，如果與網頁文章內容完全無關是不行的。
```

## 6 ⑤ 資訊量較多的文章，要在開頭提供網頁目次

資訊量較多的文章，要在文章的開頭提供網頁目次，貼上頁面內的連結，讓讀者可以直接前往瀏覽想瀏覽的內容，這樣一來方便性將大幅提升。

● 目次貼有網頁內連結的文章範例
（https://www.shibuya-office.co.jp/blog/2020/11/post-267.html）

### 重點整理

- 要設法增加瀏覽深度。
- 標題圖片與解釋內容的圖片、影片極具效果。
- 適當插入標題能讓讀者更容易了解內容。
- 文字內容較多時，要在文章開頭提供目次。

# 10 ⑦文章的介紹

## 1 在發布文章之前

根據到目前為止介紹的方式開始寫作，寫作完成後，**在發布之前記得再確認一次**。

重新閱讀並推敲文章內容，有錯誤時就予以修正，可以將文字表達調整得更好的地方，就將其改善。

## 2 在描述標籤內寫下介紹

確認完文章內容之後，要在文章的**描述標籤**寫下網頁的介紹文字。

在第一課我們也曾經說明，描述標籤指的是 HTML 原始碼中，記錄於「<meta name="description" content="">」標籤中「"」與「"」之間的網頁介紹文字。

介紹文字的字數標準以日文來說大約是 120 字，該網頁的目標關鍵字最少要出現一次，最多出現兩次，會比較容易提升搜尋排名。

● 描述標籤的範例

```
<meta name="description" content="因果法則是什麼？簡單來說，是「自己做過的事最後會回到自己身上」的一種機制。日本自古以來也有與因果法則相似的佛教用語，例如「因果報應」、「自作自受」、「善因善果」、「惡因惡果」等。而這裡所說明的則是如何在商務上運用因果法則，要做出改變的依序為「心情」、「話語」、「行動」。"/>
```

文章完成之後會想要立即發布，但最好養成冷靜重新檢視的習慣，可以預防失誤。

## 重點整理

- 文章寫作完成後，一定要重新檢視、推敲。
- 描述標籤要寫上文章的介紹。
- 文章介紹大約在 120 字，目標關鍵字要出現一至兩次。

# 第5課 文章的宣傳方法

# 01 宣傳文章的重要性

## 1 文章需要一定的時間才會出現在搜尋結果頁面

到目前為止我們介紹了如何強化部落格的 SEO、主題選擇，以及文章的寫作方式等。只要對合適的目標族群書寫優質的文章，慢慢地一定會反映到搜尋排名上，部落格的造訪次數也會增加。

然而，在這之前會遇到很大的障礙。在第一課曾經提過一個實際的情況，**網路上充滿了數不盡的部落格文章，每天上傳的文章數目龐大**。眾多競爭文章之中，並不能保證搜尋引擎會迅速發現你的文章，並顯示在搜尋引擎的前幾個結果。此外，在第三課也曾經說明，以現行的搜尋引擎機制來說，**即使實施 SEO，也幾乎很難立刻看到成果**。要讓新增的文章顯示在搜尋結果頁面的前段，通常都需要幾天到幾個禮拜，甚至需要等上幾個月。

## 2 宣傳文章，讓讀者可以立即瀏覽

透過搜尋結果獲得的造訪次數，某種意義上來說是比較「被動」的狀態，因此可以積極吸引讀者瀏覽部落格文章，也就是**宣傳**。

等待 SEO 展現成果相當耗時，可能會對寫作的動力產生負面影響。此外，最新新聞的解說文章等具有時效性的主題，其原有的價值也會因此而受損。新聞解說的文章應該要在還具有新聞價值的期間讓更多讀者瀏覽。

要解決這個問題的方法，就必須**勤於通知讀者並宣傳文章**。筆者看過許多部落格經營者不了解宣傳的重要性，或是即便了解其重要性也不知道合適的做法，因而在部落格經營的路上受挫。

想要在上傳部落格文章後馬上讓讀者瀏覽，通常有兩種宣傳的方式，第一個就是在**社群媒體**通知，另一個是使用**電子郵件**通知。

接下來將分別說明這兩種宣傳方法。

等待SEO的成果是比較被動的方式，宣傳文章則是主動出擊，兩種方式都是必要的，在正式開始經營部落格之前務必多加學習。

## 重點整理

- SEO在展現成果之前要花上許多時間。
- 在有更多讀者透過搜尋引擎造訪網頁前，要透過宣傳文章來吸引讀者。
- 宣傳的方法有社群媒體與電子郵件。

# 02 透過社群媒體通知

## 1 社群媒體是什麼？

宣傳部落格文章的方法之一是**活用社群媒體**，而**社群媒體的使用基本上是免費的**。

社群媒體（Social media）是一種服務，透過網路上不特定多數使用者的使用，讓資訊得以上傳、共享、傳播。例如電子布告欄系統（BBS）與部落格、SNS、Wiki、微網誌、網路書籤、Podcast、影片分享網站、影片平台服務、消費者評價網站、購物網站中消費者的評論欄位等。

在社群媒體出現以前，訊息的傳遞主要是透過電視、收音機、報章雜誌等大眾傳播媒體，然而，社群媒體的出現，讓每個人都能自由地傳遞資訊。個人也可以向世界傳遞訊息，是社群媒體最不同於以往的部分。

### SNS 是社群媒體的一部份

近年來有越來越多使用者的 Facebook、Twitter、Instagram、LINE 等都算是 SNS（社交網路服務）。SNS 是一種會員制的網路服務，提供各式各樣的功能來維持、促進人與人之間的社會交流。

SNS 的特徵是「以使用者間交流為主軸的服務」，它提供了使用者與朋友、點頭之交間溝通的手段，或是讓使用者透過興趣與嗜好、居住地區、畢業學校，或者是「朋友的朋友」等共通點與關聯性，發展新的人際關係。而 SNS 通常是透過網站與專用的應用程式使用。

SNS 屬於社群媒體的一部份。網路行銷與 SEO 業界會將 Facebook、Twitter、Instagram、LINE 等服務稱為社群媒體或是 SNS，沒有一定的稱呼方式，不過嚴格來說，服務使用者之間的交流才是主軸，因此這些服務應該要稱為 SNS。

## 2 上傳文章後應該立即在哪些社群媒體發布通知？

很多人知道社群媒體有助於招攬顧客，不過實際上運用得當的企業少之又少。

原因可能有幾個，像是不知道要在社群媒體上傳什麼樣的資訊，以及擔心上傳資訊後不小心引起網路風波，導致企業失去信用，因此才不輕易使用。

筆者負責的協會也是在 2014 年以後才開始經營社群媒體，不過真正開始運用社群媒體協助宣傳部落格文章已經是 2018 年的事了。

### 通知有新的部落格文章就可以

筆者所經營的社群媒體以及企業客戶在使用社群媒體時都只專注於一個用途，並持續默默耕耘。

這個用途很單純，那就是**上傳新的部落格文章之後，立即在社群媒體上發布文章網頁**，上傳的內容相當簡單，只要大約 150 字左右的文章標題與導言，還有文章的連結就可以。透過這個方式，在社群媒體上追蹤自家公司帳戶的使用者會收到新文章的通知，就能引導使用者前往造訪部落格。

接下來的流量分析資料，是從筆者在部落格新增文章的那天起為期一周的紀錄。

### ● 筆者在部落格設置的存取日誌分析資料

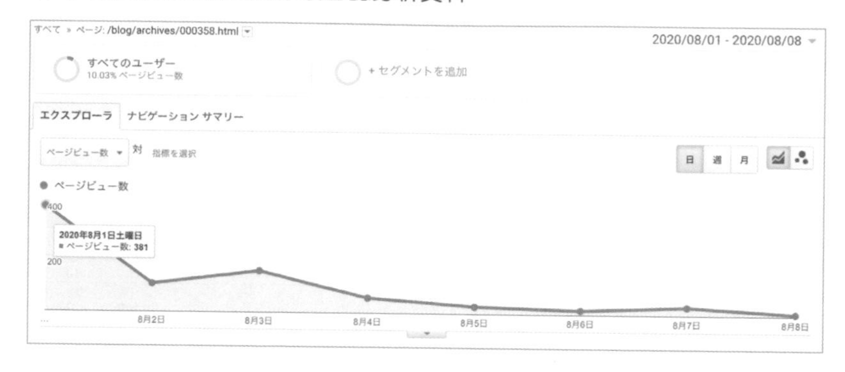


在 2020 年 7 月 31 日上傳文章後，隔天的 8 月 1 日共有 381 位使用者瀏覽文章。

### ● 2020 年 7 月 31 日晚間 11 點上傳的部落格文章

如果是透過搜尋引擎帶來的流量，通常不會一開始就有這麼多瀏覽次數，瀏覽次數達到 381 次是因為使用社群媒體通知有新文章的緣故。

## 宣傳效果較好的六項服務

根據筆者與企業客戶到目前為止的經驗，通知部落格文章效果較好的社群媒體至少有六種，分別是 Facebook、Twitter、LINE 官方帳戶、Google 我的商家、YouTube、問答平台（如日本的 Yahoo 知惠袋與 goo 等），以下將逐一說明。

# 3 Facebook

筆者最開始用來通知新文章上架的社群媒體是 Facebook[1]，Facebook 分為企業團體所使用的「Facebook 粉絲專頁」，以及個人使用的 Facebook 帳戶兩種。

## Facebook 粉絲專頁

企業與團體要傳遞資訊，就必須要建立一個 Facebook 粉絲專頁。Facebook 粉絲專頁的目的是要讓企業與名人可以與粉絲和使用者交流，可以有多位管理員，朋友人數與專頁按讚人數並無上限（私人帳戶最多是五千人），相當適合用於企業的廣告宣傳活動。

1 http://www.facebook.com

● 筆者經營的全日本 SEO 協會之 Facebook 粉絲專頁
（https://www.facebook.com/alljapanseoassociation）

筆者在更新部落格文章後，就會複製文章標題，寫下一百字左右的導言並附上文章連結，上傳到 Facebook 的粉絲專頁。

● Facebook 粉絲專頁上傳貼文的範例

## 私人的 Facebook 帳戶

Facebook 也有私人帳戶，主要目的是讓個人與登錄為「好友」的其他用戶能夠互相交流。也可以運用於商務用途，不過與剛才的 Facebook 粉絲專頁相比多了許多限制。

此外，即使是用於商業用途，如果不以個人的姓名註冊，並上傳個人資訊，有時候也會違反使用規則。

● 筆者的私人 Facebook 帳戶
（https://www.facebook.com/masashi.suzuki.161214）

筆者在私人帳戶上傳，是為了將協會 Facebook 粉絲專頁所上傳的文章，分享給私人帳號的追蹤者。

● 將 Facebook 粉絲專頁的上傳內容分享到私人帳戶

追蹤 Facebook 粉絲專頁的用戶，以及追蹤私人帳戶的用戶是不同族群，很少用戶是重複追蹤的，因此這麼做可以盡量增加瀏覽部落格文章的讀者。

## 4 Twitter

效果僅次於 Facebook 的社群媒體則是 Twitter（https://twitter.com/）。Twitter 也稱為推特，是能夠分享 140 字以內短文的網路資訊服務，有些人也稱之為微網誌。字數限制相當嚴格，但也因此貼文相對容易，與他人分享推文的「轉推」功能也很方便，受到歡迎。

使用 Twitter，就能上傳公司網站的更新狀況與網頁連結，或是時常上傳商品的進貨狀況等，透過這些方式增加公司網站的造訪次數。

● 筆者在 Twitter（@suzukimasashise）的貼文

# 5　LINE 官方帳號

LINE 是日本國內擁有最多用戶數的通訊軟體（服務），除了個人之間的訊息往來，LINE 也是家庭與企業之間的聯絡網路，日本用戶數在 2019 年 9 月底時已經高達 8,200 萬人。

Facebook 在國內的用戶數有 2,600 萬人（2019 年 7 月資料），Twitter 則有 4,500 萬人（2018 年 10 月資料），因此 LINE 可以說是日本國內使用率最高的社群媒體。

Facebook 可以建立企業的粉絲專頁，LINE 則是有 LINE 官方帳號[2]。就像 Facebook 一樣，可以向加入好友的用戶分享資訊。每個月可以免費分享一千則訊息，超過以後的使用費用為五千日圓起，使用的門檻不高。

● 在 LINE 官方帳號分享貼文的範例

2　http://www.linebiz.com/jp/entry/

## 6 Google 我的商家

Google 提供給企業、團體使用的社群媒體是 **Google 我的商家**[3]。活用 Google 我的商家，可以讓店家更容易顯示在 Google 地圖與 Google 搜尋結果頁面，對於提升排名也有正面的影響。如 Facebook，使用者也能將網站的更新資訊與企業活動相關文章上傳到 Google 我的商家，以引導用戶造訪公司網站。

個人用戶並無法建立 Google 我的商家帳戶，不過法人與自雇者如果可以公開地址與電話號碼，就可以建立 Google 我的商家帳戶並上傳內容。

● 筆者在自己管理的 Google 我的商家帳戶上傳文章

使用 Google 我的商家最大的優點，是上傳的內容可能會反映到 Google 所提供的服務（Google 地圖與顯示於搜尋結果的地圖等），這是其他的社群媒體所沒有的優勢。上傳部落格文章的更新資訊到 Facebook 與 Twitter 時，如果也將相同的內容上傳到 Google 我的商家，那麼 Google 搜尋結果在顯示 Google 我的商家資訊時，有時候也會顯示自己上傳的內容，而 Google 地圖上有時候也會顯示這項資訊。把相同的內容同時

3 https://www.google.com/intl/ja _jp/business/

上傳到 Facebook、Twitter、LINE 官方帳號、Google 我的商家等社交網路服務，對 SEO 並不會有不好的影響，務必要多加利用。

## 7 YouTube

YouTube[4] 是影片分享網站（服務），由於可以寫下評論，也能夠分享資訊，因此可以歸類於社群媒體的一種。

使用者可以透過上傳到 YouTube 的影片（影片內容與影片介紹等）連結到公司的網站，因此也是一種能有效帶來流量的方式。

製作與部落格文章內容高度相關的影片並上傳到 YouTube，很可能可以提升部落格文章的造訪次數。

● 在 YouTube 影片的介紹文貼上高度相關部落格文章的連結

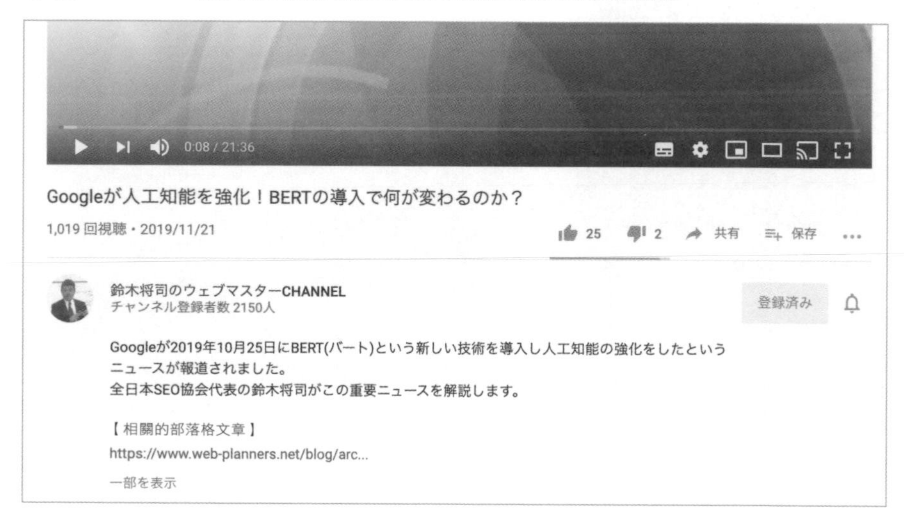


此外，也可以在 YouTbue 頻道圖片的右下方貼上通往部落格首頁的連結。

4 http://www.youtube.com/

● 在 YouTube 頻道圖片貼上連結

## 8 問答平台（日本的 Yahoo 知惠袋與 goo 等）

到目前為止主要都是介紹 SNS，除了 SNS 以外，其實還有其他有助於宣傳部落格文章的社群媒體。

像是日本的 Yahoo 知惠袋[5]與 goo[6]等問答平台，這些問題平台每天都刊登為數眾多且內容多元的提問，並且有許多人會上傳相關的回覆。

5 https://chiebukuro.yahoo.co.jp/

6 https://oshiete.goo.ne.jp

● 日本goo平台「教えて！ goo」的問答範例

## 與部落格文章高度相關的問題，可以在回答中附上連結

問題平台上的宣傳，與到目前為止介紹的，在其他社交網路服務上的宣傳並不相同，做法是搜尋與自己部落格文章高度相關的問題並回答自己的意見，最後再貼上自己的部落格連結作為參考資訊。

只不過，不合適的回答與連結，會給提問者與其他用戶帶來困擾，回答時必須拿捏分寸。

● 在日本 Yahoo 問答平台回答問題時的上傳介面

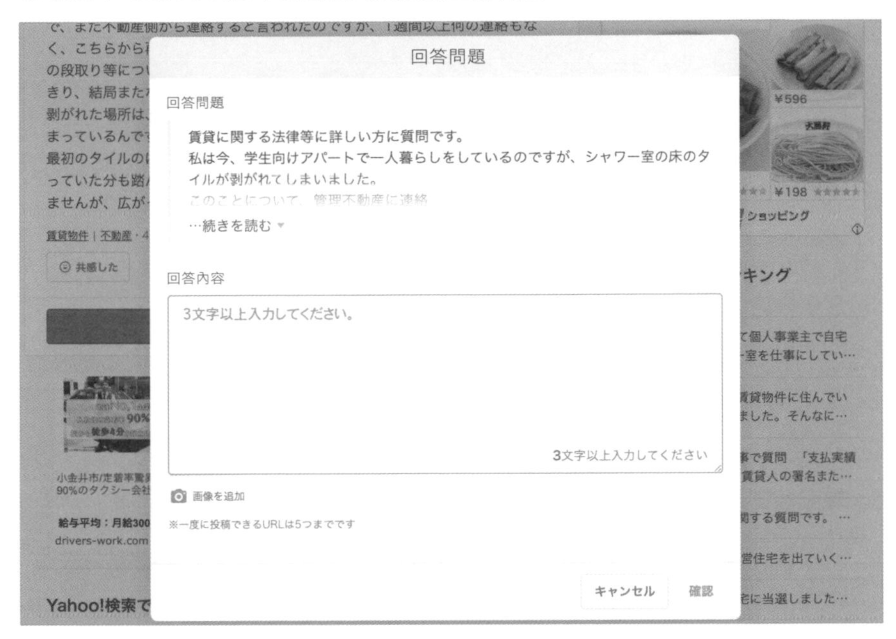


## 9 讓追蹤人數增加 ① 設置社群分享按鈕

如果想要運用 Facebook、Twitter、LINE 官方帳號、YouTube 來提升部落格文章的瀏覽次數，只在社群媒體公告新增文章的消息，並不會有太大的效果。

要獲得最大的效果，就必須**增加社群媒體的追蹤人數**。

增加追蹤人數最根本有效的方法，就是新增對讀者有幫助的文章，不過除此之外還有幾種方式。

其中一種是在部落格設置**社群分享按鈕**，社群分享按鈕就像是 Facebook 的「讚」按鈕、Twitter 的「分享」按鈕等，用途是將瀏覽的文章分享給社群媒體的其他用戶。

● 社群分享按鈕的設置範例

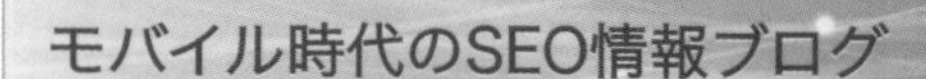

モバイル時代のSEO情報ブログ

SEOセミナー講師・鈴木将司公式ブログ　～　新時代のGoogle上位表示対策について解説します

HOME > アルゴリズムアップデート > Googleの検索結果が2020年8月11日に変動！原因はGoogle検索の不具合と判明

✓ いいね！ 1　Tweet　B! ブックマーク

Googleの検索結果が2020年8月11日に変動！原因はGoogle検索の不具合と判明

2020年08月12日

可以設置的社群分享按鈕種類非常多，最新的設置方法請搜尋「社群分享按鈕　設置方法」。

除了文章的下方之外，文章上方也放置社群分享按鈕會更加有效。設置在文章上方，就能讓讀者知道部落格設有社群分享按鈕，如果讀到最後也覺得內容不錯，就更有可能按下文章下方的社群分享按鈕。

## 10 讓追蹤人數增加 ② 貼上動態時報

還有第二個方法也可以增加追蹤人數，那就是在部落格的側邊選單或是頁尾貼上**社群媒體的動態時報**（Timeline）。動態時報就像是一個小視窗，由上而下依新舊順序顯示社群媒體的最新上傳內容。

● 在部落格的側邊選單設置 Twitter 動態時報的範例

皆様こんにちは、住之江校インストラクターの田中です☆彡

6月14日（日）、**枚方市にございますくずはゴルフリンクス様にてスクール主催のゴルフコンペ**を開催させていただきました♪♪

久々に開催できることとなりましたゴルフコンペ、**皆様のご参加も多く総勢１７名**となりました＼(^o^)／

当日は雨の予報でどうなることかと思いましたが、ゴルフ場に歓迎されていたのか、**ラウンド中は雨も止み、暑いぐらいのゴルフ日よりでございました**(#^.^#)♥♥

当スクールへ通っていただいている生徒の皆様、またドシドシご参加くださいませ！
どこの校からでも参加は可能でございますので、沢山のお申し込み、お待ちしておりますね☆彡

**お申し込みはこちらより↓↓**

WEBSITE

////////////////////////////////////////////////////

ワンストップゴルフアカデミーのホームページ

WEBSITE

初回無料体験のお申込み（電話）

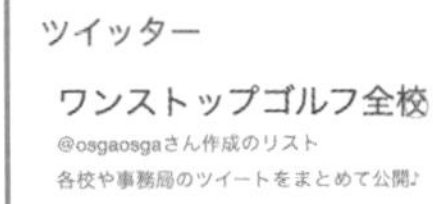


ワンストップゴルフ堺・河内長
@osga_sakai
堺校・河内長野校の天堀です
明日は和泉練習場でのレッスンです
打球場ではなかなかお伝えしにくい
様々な打ち方のレッスンをさせていただきたいと思います
たのしみにお越しください

27分

初心者専門！ワンストップゴル
@osga_suminoe
住之江校の田中です
夜のレッスン、N様お1人のご予約でございましたので、教室内でシミュレーターゴル

埋め込む　Twitterで表示

● 在部落格文章的頁尾設置 Facebook 專頁的動態時報

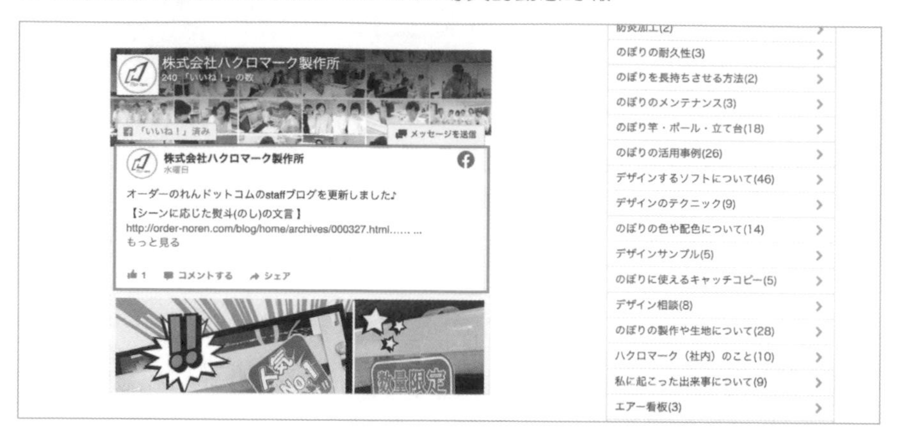


將社群媒體的動態時報設置在部落格的頁面中，可以增加社群媒體的曝光率，也更有機會提升追蹤人數。

## 11 廣告的運用與「Hatena Bookmark」的效果

運用社群媒體宣傳部落格文章的方法中，也有效果更為顯著的方式，那就是運用日本有名的網路書籤「Hatena Bookmark」。

**網路書籤**指的是用戶將喜愛的資訊公開，與其他讀者共享的公開式書籤。

● Hatena Bookmark 的官方網站（https://b.hatena.ne.jp/）

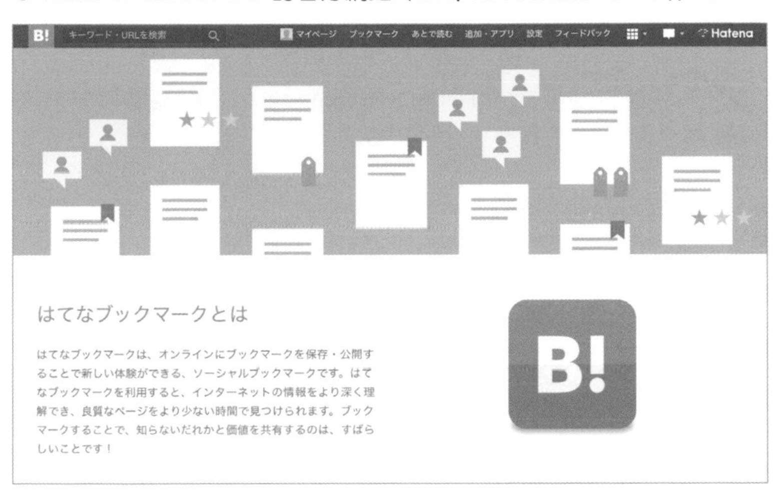


Hatena Bookmark 有許多部落格文章，文章被設定為網路書籤後，Hatena Bookmark 官方網站裡不同領域的類別頁面中，就會顯示該文章的連結。

● Hatena Bookmark 官方網站中「科技」類的網頁（https://b.hatena.ne.jp/hotentry/it）

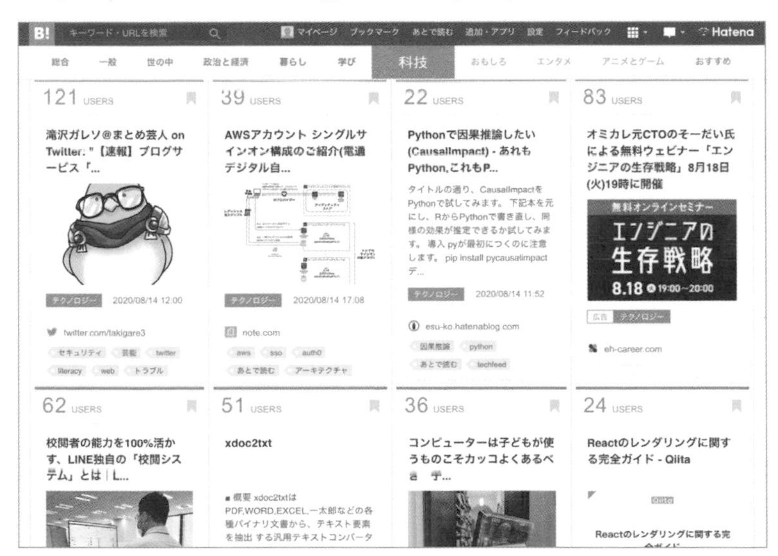

這麼做的效果非常好，許多 Hatena Bookmark 的用戶會經由這個連結造訪部落格。

下圖是筆者的部落格文章被許多 Hatena Bookmark 用戶設為網路書籤時的流量分析資料。

● 透過 Hatena Bookmark 連進部落格的流量激增

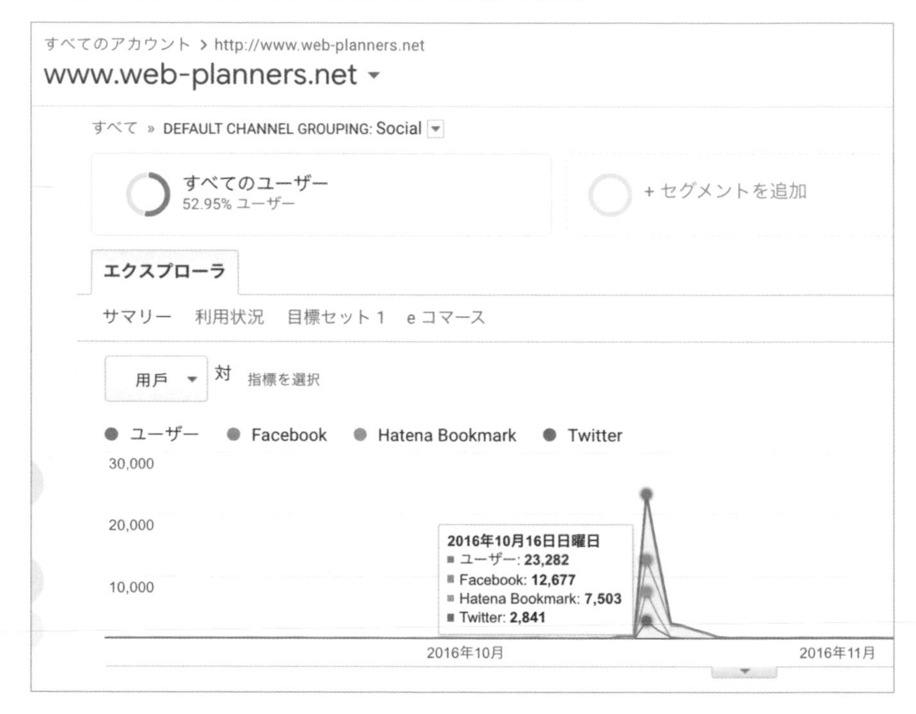


有 525 位 Hatena Bookmark 用戶將筆者文章設為網路書籤，因此文章顯示在科技類的頁面，從該頁面造訪網站的流量急增，讓部落格當日流量多了 7,503 人次。

● 525 位用戶將筆者的文章設為網路書籤，因此文章顯示在科技類的首頁

瀏覽了這篇文章的多位訪客點擊進入文章頁面，也讓搜尋排名有了大幅度的提升，僅僅三天，在 Google 搜尋「SEO」就出現在結果的第六名，將近一個月後，搜尋「手機　SEO」的排名第三，搜尋「Google SEO」的排名第二，都有不錯的搜尋排名。而這是因為 Google 的搜尋排名決定因素中，具有反向連結會對搜尋排名有很大的影響。

● 搜尋「SEO」之後 Google 的搜尋結果畫面

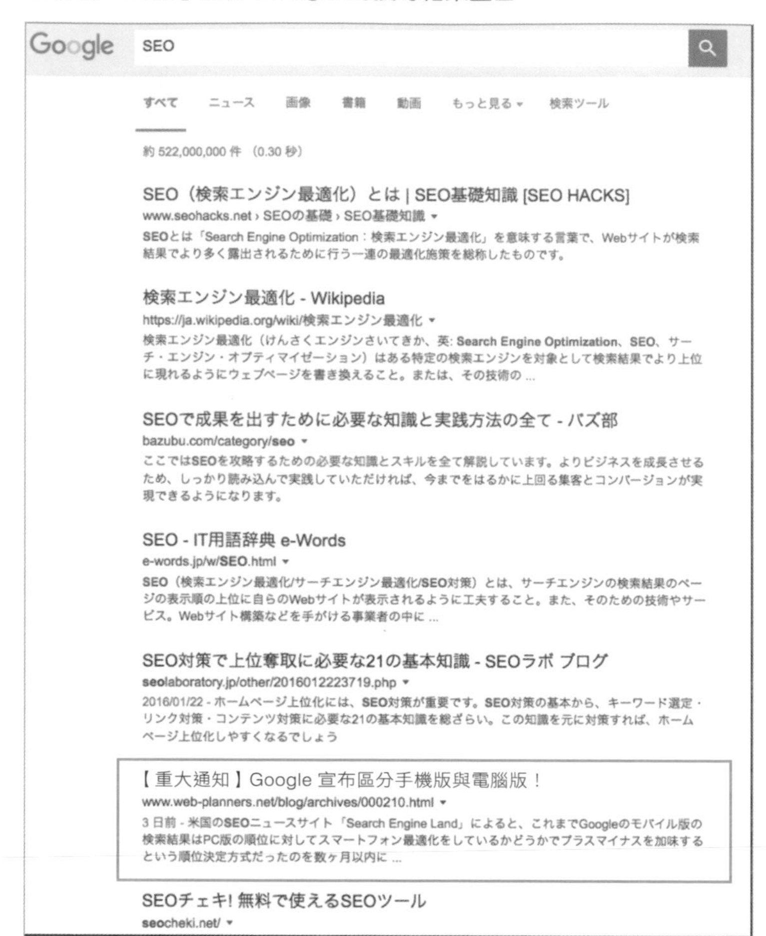


## 投放 Facebook 廣告

筆者有過幾次經由 Hatena Bookmark 帶來流量的經驗，而在探究原因後發現，Hatena Bookmark 帶來的流量激增時，我都有投放 **Facebook 廣告**。

筆者使用 Facebook 廣告的時機，只有在上傳到 Facebook 專頁的文章獲得比平時多幾十倍的「讚」數時，也就是說，我會對受歡迎的文章進一步打廣告，讓更多人可以看到文章。

Facebook 廣告有各式各樣的種類，其中也有廣告方案是宣傳受歡迎的文章，讓更多人看到。廣告主指定受眾屬性（職業、區域、年齡、性別等），文章就可以對符合條件的受眾曝光，這麼做可以有效率地開發新的追蹤者。

● 投放 Facebook 廣告推廣文章

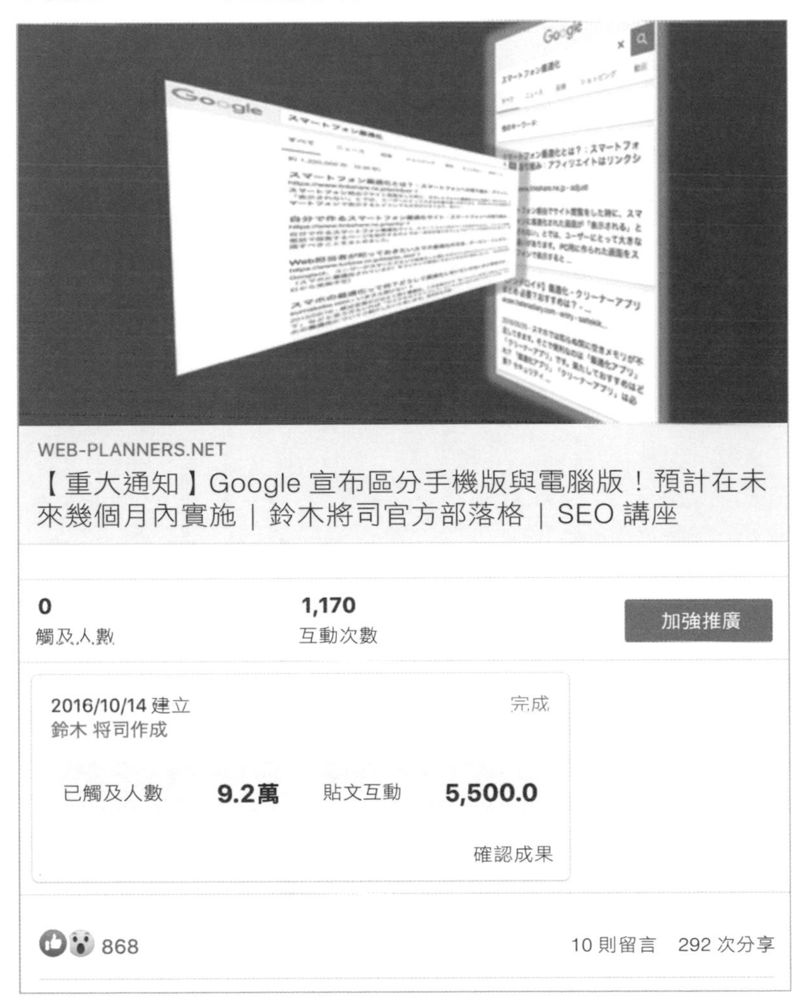

● 將廣告成果告知廣告主的成效報告

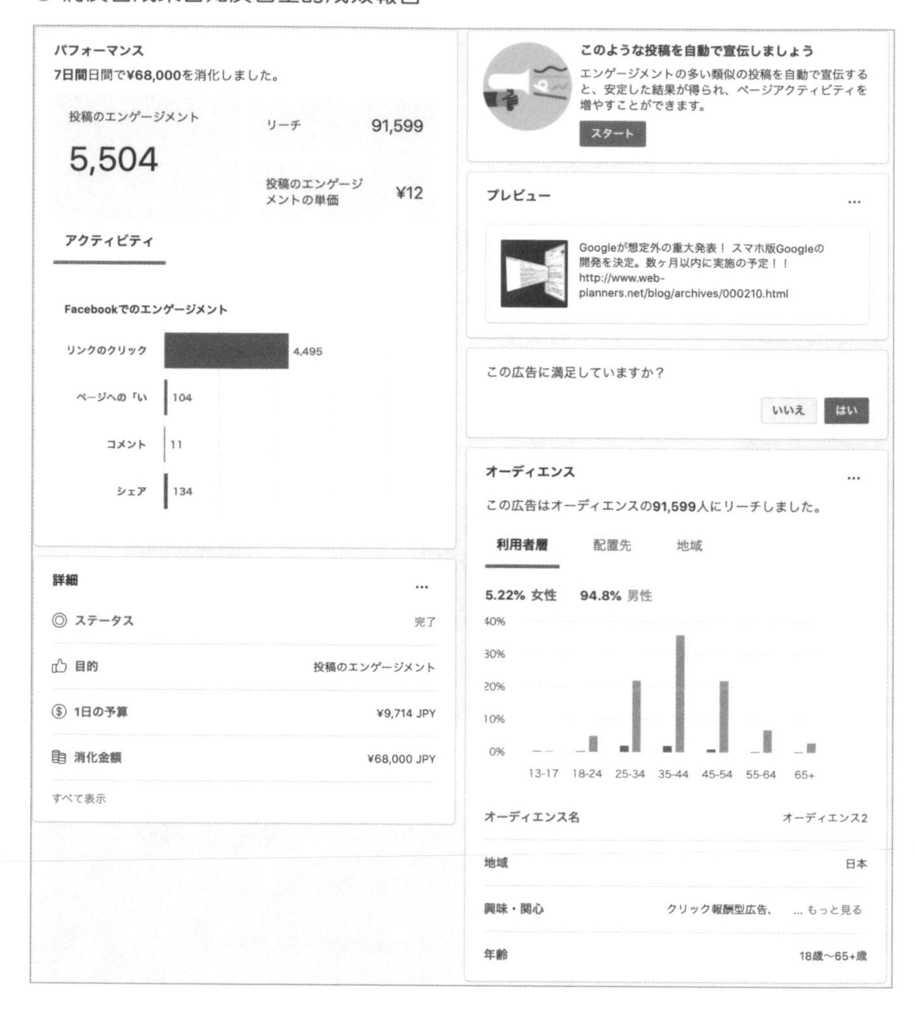


筆者從經驗推測，**投放 Facebook 廣告讓文章觸及更多 Facebook 用戶，與 Hatena Bookmark 的網路書籤增加可能具有關聯性**。

這個方法也是社群媒體廣告的一種使用方式，有機會不妨考慮使用。

不要因為社群媒體不易經營而敬而遠之，將社群媒體專門用來告知訊息也是一種方式。

## 重點整理

- 積極使用社群媒體，告知讀者部落格有新增的文章。
- 有效的社群媒體包含 Facebook、Twitter、Line 帳號、Google 我的商家、YouTube 等。
- 想要提升社群媒體的影響力，就必須努力增加追蹤人數。
- 文章在 Facebook 廣告曝光後，Hatena Bookmark 的網路書籤也會增加。

# 03 以電子郵件通知

## 1 電子郵件是如今受眾也會瀏覽的重要媒體

宣傳文章的第二個方法是**以電子郵件通知**。

聽到電子郵件，許多人可能會認為「電子郵件已經落伍了吧」，或是「電郵雜誌不是都會直接被刪除嗎？」。

然而，如今電子郵件依然擁有眾多的用戶，一天的工作與私下的日常中，早上起床連上網後第一件事情是什麼呢？大多數的人除了會查看社群媒體與 LINE 訊息之外，也會確認電子信箱是否有新信件。

被刪除的信件表示信件對於讀者並沒有幫助，反過來說，讀者會瀏覽的信件，就代表對讀者有所幫助。

## 2 通知電郵雜誌的讀者

第一種以郵件通知的方法是**設立免費的電郵雜誌，邀請讀者訂閱，有新文章時就能通知訂閱的用戶**。

雖然最近有減少的趨勢，不過有些部落格的經營者會透過免費電郵雜誌傳遞訊息給讀者。

訂閱免費電郵雜誌的讀者都是部落格的粉絲，是相當珍貴的受眾，由於對部落格內容相當有興趣才會造訪，因此會是很有潛力的潛在顧客。

因此請試著在部落格所有頁面的醒目之處，設置訂閱電郵雜誌的申請表單，努力增加訂閱的讀者人數！

● 招募電郵雜誌讀者的部落格

ただ、人が多く辞める医院にはそれなりの理由があります。もちろんスタッフ側の問題もありますが、医院側にも労働条件だったり、院長が激怒型とか、求めるレベルが高すぎて誰もついていけない、とか、そういった諸所の問題をクリアしないと、採用できてもまた辞めていってしまうので、根本的な原因は何か？という点にしっかりと目を向けておきましょう。

とはいってもどうやって進めればいいのかわからない、、、自分だけではできない、、という先生はぜひ実践会までお問い合わせください。各種コンサルティングの他、枠があればコンサルタントによる無料経営相談（枠があれば）をご案内できるかもしれません！あまり良いニュースが少ない中でも、プラス発想でチャンスに変えていきましょう。

有效解決您對於經營牙科診所的煩惱

我們會免費提供有助於經營牙科診所的資訊，
還沒有申請與訂閱的讀者，請務必把握機會。

申請免費小冊子 ›

訂閱免費電郵雜誌 ›

## 電郵雜誌的寄送頻率

**電郵雜誌的寄送頻率最少為每月一次，盡可能每個月寄送多次**，這樣可以建立發行者與讀者之間的信任關係。一旦建立信任關係後，每次上傳新的部落格文章就可以寄送電郵雜誌通知，如此將可以確實提升新文章的瀏覽次數。

如果很難另外為電郵雜誌書寫文章，可以將部落格文章的三分之一左右寫為電郵雜誌的文章，最後放上「更多內容請至部落格文章瀏覽」，這樣就可以自然的引導讀者前往閱讀部落格文章。

● 在電郵雜誌放上部分部落格文章內容，引導讀者前往閱讀

・---------------------------・

**電話で見積りを依頼する場合、お願いする立場であることを忘れないようにしましょう。**
**一方的にこちらの希望や要望を伝えるのではなく、それが可能なのかを確認するようにしてください。**

＜在電話中請求報價的說法範例＞

您好，
請問現在時間方便嗎？

我們公司正在評估貴公司的～產品，可以請您提供報價嗎？

更多內容請前往以下連結瀏覽…
https://www.shibuya-office.co.jp/blog/2020/07/post-252.html

|| 編集後記

**渋谷オフィスではいくつかの団体に加盟していますが、その中の一つであるＪＭＡからのメルマガに「新型コロナで、なぜドイツの死亡率は低いのか？」と、興味深い記事がありましたので他データも参照しながら簡潔にシェアしたいと思います。**

## 3 向既有客戶傳送群組信件

還有一個方法比使用免費電郵雜誌通知讀者的效果更好，那就是**向曾經購買公司產品與服務的既有客戶傳送群組信件**。

很多人不喜歡推銷的廣告信件，不過如果只是以信件告知讀者新的部落格文章內容免費且有幫助，完全不推銷，讀者應該就不太會感到排斥了。

精選自己覺得有信心的部落格文章，一個月頂多傳送一到兩次信件，可能會有不錯的效果。不過若是部落格文章的內容單薄，讀者很可能會認為信件是垃圾信，導致越來越多讀者要求取消訂閱，一定要特別留意。

## 4 以電子郵件通知使用免費服務的用戶

也可以提供某種免費的服務，規範使用服務的用戶必須註冊，以獲得傳送信件用的電子郵件地址。

● 免費素材網的使用者註冊畫面

可以在網站上提供的免費服務如下。

① 免費設計模板
② 免費文章模板
③ 免費素材集

● 提供廣告傳單免費設計模板的網站
（https://design.raksul.com/products/flyer）

● 提供 WordPress 免費主題的網站
（http://f-tpl.com/category/WordPress テーマ /）

● 免費提供文章模板的網站（https://www.bizocean.jp/doc/category/20/）

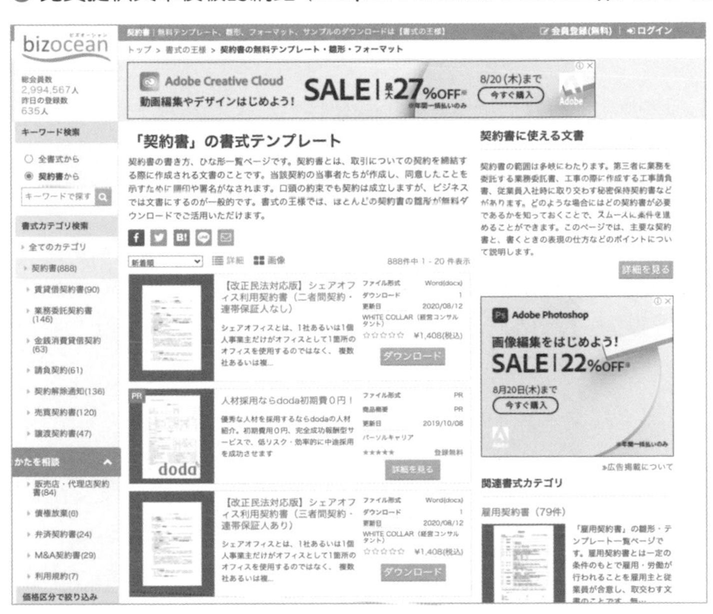


● 免費素材網站（https://www.photo-ac.com/）

藉由提供這些免費服務，吸引更多的讀者註冊，再傳送郵件到註冊的電子信箱通知有新的部落格文章，這樣就可以迅速增加部落格文章的讀者數。

## 5　告知相關的人士

過去曾經交換名片的客戶、供應商、代理商，甚至是在跨業界交流活動與研討會中遇到的對象，都請記錄好他們的電子郵件地址。如果不是寄信推銷，而只是告知對方新增的部落格文章包含有用的資訊，對方可能並不會感到困擾，反而會感到開心。

避免傳送讓對方認為是「廣告」而感到排斥的內容，傳送信件通知新文章時，務必要考量收信對象的想法。

### 重點整理

- 電子郵件是如今也相當有效的訊息傳遞方式。
- 如果善用部落格的文章內容，將其運用於免費電郵雜誌，可以降低負擔，也相當有效。
- 電子郵件不要加入推銷的內容，而是精選對讀者有益的部落格文章再通知讀者。

# 04 如何讓文章受到分享與建立反向連結

## 1 容易受到分享的文章特徵

要增加部落格文章的曝光率，不只是透過宣傳，最有效率的方法是部落格文章受到其他用戶的部落格分享、傳播，讓文章的反向連結增加，這樣一來不只能讓文章的瀏覽次數增加，也能增加 SEO 的優勢。

在第 220 頁介紹過透過 Hatena Bookmark 大幅提升造訪次數的部落格文章，這篇文章不只是受到眾多 Facebook 用戶分享，也有數百個網頁放置了這篇文章的反向連結。

● 反向連結檢測工具「Majestic」的反向連結數量資料

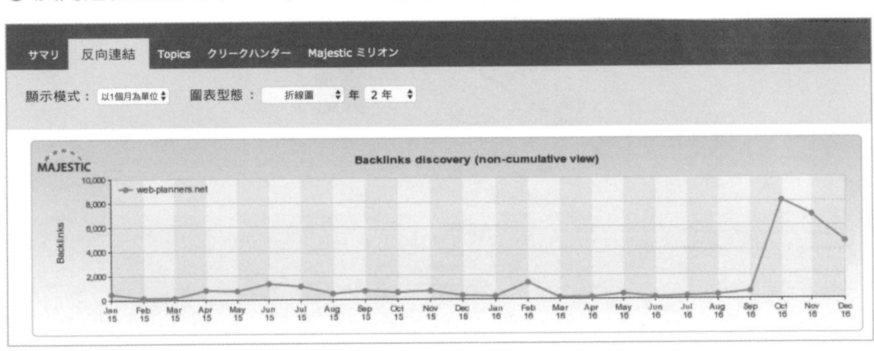


以「Majestic」[7] 查詢自己的部落格與競爭對手部落格的反向連結後，發現原本不到五百筆的反向連結增加到將近八千筆。

從筆者至今研究的結果發現，較容易受到分享與被建立反向連結的部落格文章有以下幾種。

7 https://ja.majestic.com

① 可以得知業界最新趨勢的新聞解說

② 發布自行調查的結果

③ 自己的問卷統計結果

④ 國外的活動報告（研習與展示會的報告、感想）

這幾項的共通點是極富原創性，是其他的部落格與網站看不到的內容。

我們很難每次都提供原創性高的有益資訊，因此平時都要特別留意這樣的資訊，尋找能將訊息傳遞給讀者的機會。

要寫出熱門文章，平時寫作時的態度相當重要。記得經常留意並掌握資訊。

## 重點整理

- 文章受到眾多讀者分享或建立反向連結，不僅可以提升造訪次數，對於 SEO 也相當有效。
- 容易受到分享的文章特徵是內容獨特且原創性高。

# 第6課

# 成效的評估與改善方法

如果想要成功，檢驗
成果也是很重要的。
讓我們使用網站分析
工具，取得上傳文章
的造訪次數等可以評
估成效的資料吧！

# 01 成效的評估與改善方法

寫出優質的部落格文章，並以社群媒體等通知讀者後，還需要了解以下事項。

1. 有多少讀者瀏覽過文章？
2. 如何搜尋（關鍵字），才能讓文章在搜尋引擎有好的搜尋排名？

這就是「成效評估」，可以得知上傳部落格文章以後的成效如何。

然而，在評估成效後如果只是看過資料並沒有意義，應該要瀏覽資料並找出可以改善的部分，藉此改善文章的內容，如此一來才會有更多的讀者瀏覽文章。

只是一味新增文章但是文章的品質不佳，對搜尋引擎來說，你的部落格文章就只是低評分的文章集合而已，如此將無法達成商業上的目的。

成效評估的資料才是你的「老師」，只要遵從老師的指導改善部落格文章，就能提升搜尋排名，獲取許多的造訪次數，成為部落格作家這樣的優秀「學生」。

重點整理

- 上傳文章後，評估成效是很重要的。
- 取得資料後才能評估成效。
- 從資料找出可以改善的部分，再運用到部落格文章。

# 02 Google Analytics

## 1 Google Analytics 是什麼？

評估成效的工具中，最主要的就是「Google Analytics」，Google Analytics 是 Google 免費提供的網站分析工具。

### ● Google Analytics 的應用主頁

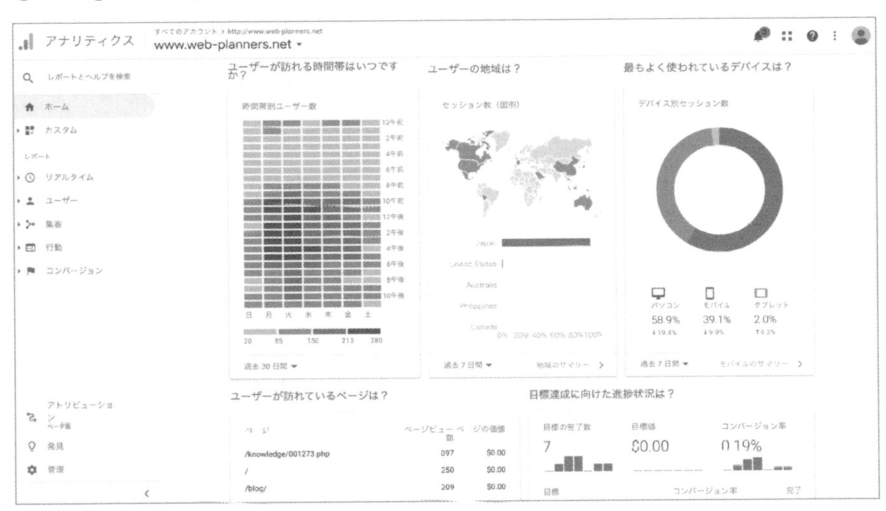


將量測用的標籤貼在部落格中所有頁面的原始碼中，就可以得知各網頁造訪次數等重要的資料。

### ● Google Analytics 的量測用標籤

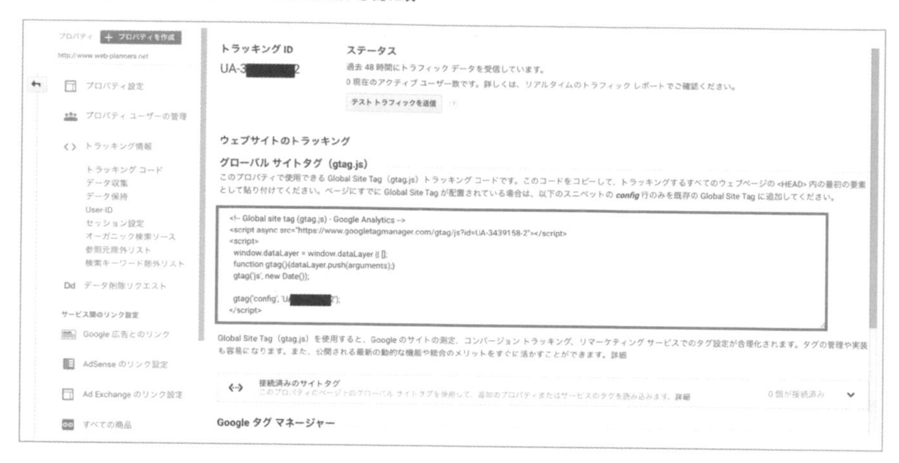


Google Analytics 在許多地區都是當地市佔率最高的網站分析工具，因此有許多相關的介紹書籍與解說文章。然而，Google Analytics 提供非常多的功能，實際上很少人能夠善用 Google Analytics 來達成自己的目的。

接下來將介紹**該怎麼瀏覽資料，才能讓部落格文章被更多讀者看到**。

## 2 查看「即時報表」

Google Analytics 還有一個非常方便的功能，能讓我們了解現在的造訪情況。

想查看發布文章目前的頁面瀏覽次數，就要到 Google Analytics 管理畫面左側欄位，選擇「即時報表」➡「概要」。

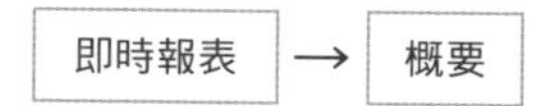

● Google Analytics 的「即時報表」資料

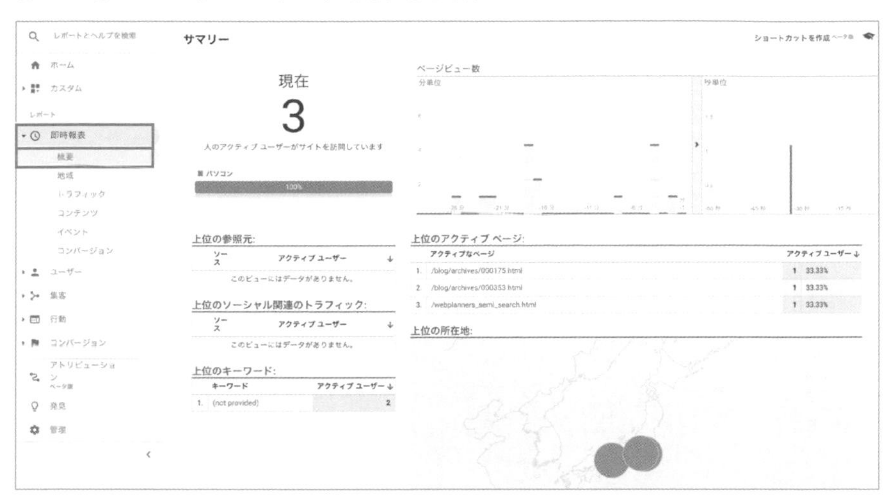


看了這個資料，就可以即時得知哪個國家的用戶正在瀏覽哪個頁面。

## 3 查看文章發布後頁面瀏覽次數的變化

如「第 5 課　文章的宣傳方法」所說明的，如果成功使用社群媒體等方式通知讀者有新文章發布，就會有許多用戶瀏覽文章，讓網頁的頁面瀏覽次數（Page View）增加。

不過，如果不再採取其他行動，隨著時間經過文章的頁面瀏覽次數會減少，為了避免這樣的情況，我們會需要提升文章搜尋排名，讓文章每天都能讓很多的用戶看見。

Google Analytics 讓我們能夠瀏覽**截至前一天的造訪資料**，而資料的更新時間是半夜十二點。

想查看發布文章後頁面瀏覽次數的變化，要選擇管理畫面左側欄位的「行為」➡「網站內容」➡「所有網頁」。

## ● Google Analytics 中的資料

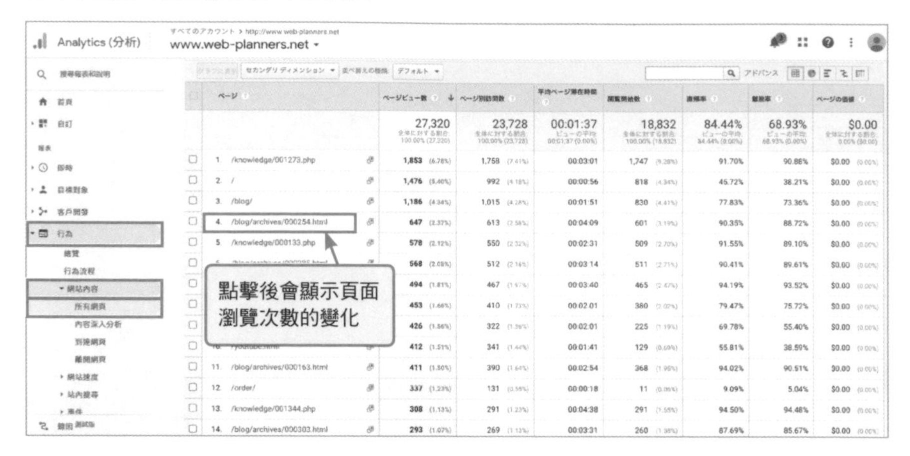


查看清單上第四筆部落格文章「/blog/archives/000254.html」的頁面瀏覽次數變化時，要點擊「/blog/archives/000254.html」，接著會如下圖顯示過去一個月頁面瀏覽次數的趨勢圖。

點擊趨勢圖下方表格中「網頁」欄位的連結，就可以查看實際的網頁內容。

## ● Google Analytics 中特定文章網頁的頁面瀏覽次數趨勢圖

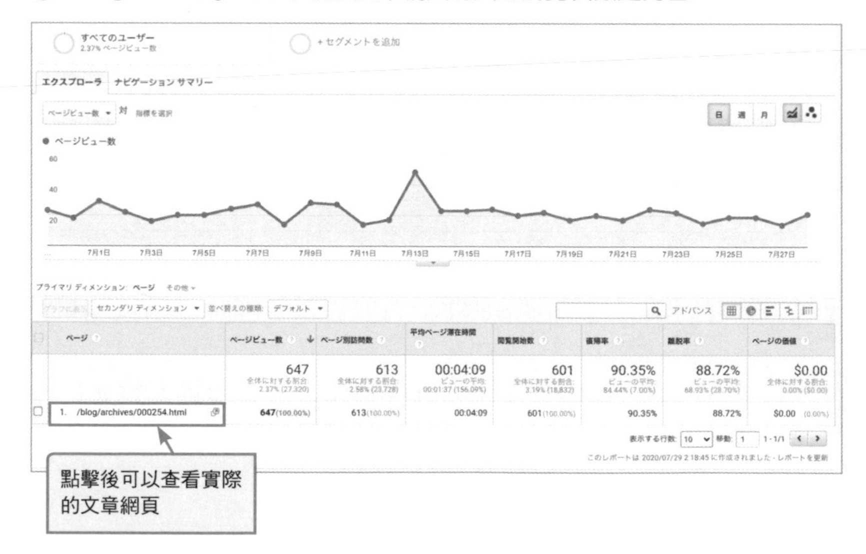

● 實際的文章網頁

從畫面右上方變更「期間」的起始日期，就可以查看更長期間下的頁面瀏覽次數趨勢圖。

● 變更顯示的資料期間

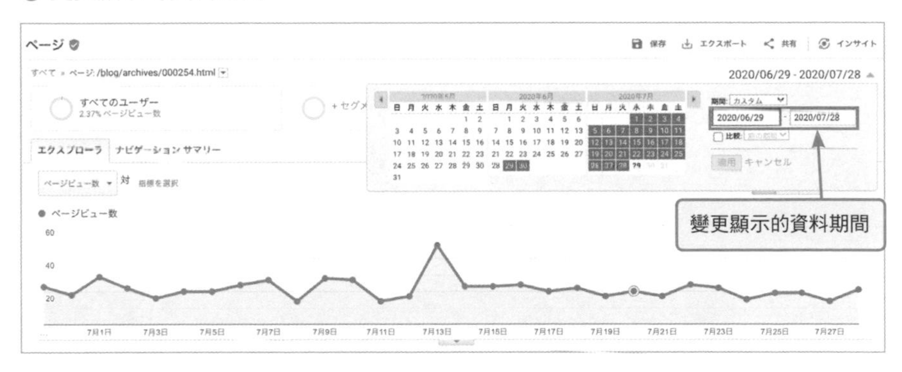

● 過去一年頁面瀏覽次數的變化趨勢

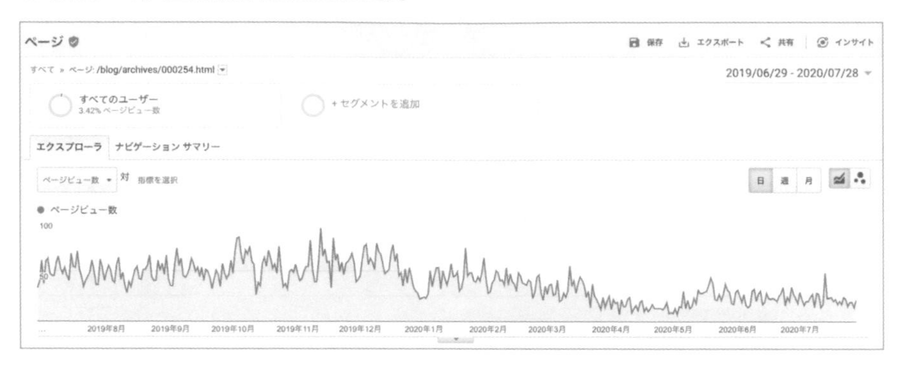


網頁分析工具也可以用來分析部落格文章是否受到歡迎，一定要使用喔。

## 重點整理

- 可以使用 Google Analytics 評估成效。
- 透過「即時報表」，可以得知當下的部落格文章讀者類型。
- 顯示頁面瀏覽次數的增減趨勢時，也可以變更顯示的日期區間。

# 03 提升新文章搜尋排名所需要的時間

## 1 是否因部落格受歡迎的程度而異？

**要提升新發布部落格文章的排名，需要的時間**會因**部落格受歡迎的程度**而異。一般來說，一天的造訪次數為幾十次，還不到一百次的部落格，要讓新文章出現在搜尋結果頁面所需要的時間為數日到數周。

另一方面，單日造訪次數為數百到數千，在一定程度上受到歡迎的部落格，上傳文章到出現在搜尋結果頁面的時間為數小時到數日左右。如果是單日造訪次數為數萬以上的超人氣部落格，那麼可能在上傳文章後的幾分鐘到幾小時就可以出現在搜尋結果頁面上。

## 2 為什麼需要時間？

由於 Google 並未告知原因，因此也只能推測，可能的原因有以下兩個。

① Google的爬蟲不會迅速查看站內的網頁
② Google還在取得網頁的訪客互動資料

接下來將分別說明這兩個原因以及因應方式。

## 3　① Google 的爬蟲不會迅速查看站內的網頁

Google 的系統中有一種概念是「Crawl Budget」，也就是「爬取預算」。爬取預算的意思是 Googlebot（爬蟲）在一定時間內，於一個網站中瀏覽的總頁面數。

搜尋引擎所使用的網站資訊，是爬蟲四處爬取所收集回來的。爬蟲收集單一網站更新資訊的時間是有限的，因此才稱之為爬取預算。

爬取預算因網站而異，更新頻率較低的網站、不受歡迎的網站，以及較少受到優質網站建置為反向連結的網站，爬取預算相當有限。

即使在自己的網站更新許多網頁，在超過分配到的爬蟲預算後，就無法得知下次爬蟲再來的時間了。

### 想增加爬取預算，<br>就必須提高並維持網站的更新頻率

想要增加由 Google 分配的爬取預算，基本上需要實踐第 3、第 4 課所說明的所有部落格 SEO 方法，提升網站的評分。不過除此之外還有一個方法，那就是**提升網站的更新頻率**。

更新網站是幫助 SEO 成功的一大關鍵，最理想的方式是盡可能每天更新網站。如果每天更新太困難，那麼請每周新增幾個網頁、在既有的網頁上增加新的內容，或是上傳圖片或影像。

如此執行後，Google 就會認為頻繁查看網站有其價值，而且查看網站時需要查看許多網頁。

相反的，更新頻率高的網站一旦更新頻率變低，Google 爬蟲前來查看的頻率將會逐漸降低，單次拜訪所分配到的爬取預算也很可能會減少。

## 4 ② Google 還在取得網頁的訪客互動資料

提升部落格新文章搜尋排名會需要時間的另一個原因可能出自於 Google 的網站評分機制。如同第 1 課的說明，Google 會查詢每一個網頁的表現，**如果資料沒有累積到一定程度，網頁的評分就不會改變**，這可能是需要時間的另一個原因。

由 Google 營運的 YouTube 平台，也是在取得每個影片的觀看次數與觀看時間等資料後，根據資料來決定影片在 YouTube 中的顯示排名。相同的道理，Google 搜尋也會取得搜尋結果頁面中每個網頁的點擊次數、點擊率、網站停留時間等資料，累積訪客互動相關資料，再依此調整搜尋排名。

## 5 即使沒有成果也要持續等待

認知到取得成果需要時間，不要一下子就認定「沒有成效，一定是自己執行的改善無效」，請維持原本的方針約二至三個月並靜待成果。

不過，只有等待的話就太浪費時間了，等待的期間請尋找讀者需求較高的目標關鍵字，再以這些關鍵字為主題並逐一寫為新文章，努力提升部落格的造訪次數吧！

重點整理

- 新文章出現在搜尋結果頁面所需要的時間，會因網站受歡迎的程度而異。
- 提升網站的更新頻率也相當有效。

# 04 透過 Google Search Console 改善

## 1 Google Search Console 是什麼？

「Google Search Console（網站管理員）」是由 Google 免費提供的工具，可以用來查詢網站的狀態。使用 Google Search Console 有以下兩個好處。

1. 可以知道Google是如何評估自己的網站（部落格）
2. 可以收到Google的通知

對執行 SEO 的人來說，Google Search Console 是必備的！

## 2 在「成效」中查看文章的表現

Google Search Console 中最重要的資料就是「成效」，如字面所述，這個功能是讓用戶可以查看自己網站在搜尋引擎上的評價（表現）。

成效會將以下四項資料以時間序列的方式顯示。

### ① 總點擊次數

「點擊次數」是文章連結在搜尋結果頁面上受到點擊的次數總和。搜尋用戶點擊搜尋結果頁面上的連結後，會前往連結指向的網頁，這樣一來該網頁就會產生流量（造訪次數）。

因此，點擊次數就是實際上從 Google 搜尋頁面流入網頁的人數。

## ② 曝光總數

「曝光次數」代表自己的文章網頁在搜尋結果頁面上的顯示次數。

## ③ 平均點閱率

即「CTR（Click Through Rate）」，是當自己的文章網頁顯示在搜尋結果頁面時，選擇點擊並造訪的用戶比例。

## ④ 平均排序

「平均排序」的意思是文章網頁在搜尋結果頁面上平均顯示在第幾筆。

● Google Search Console 中顯示的「成效」

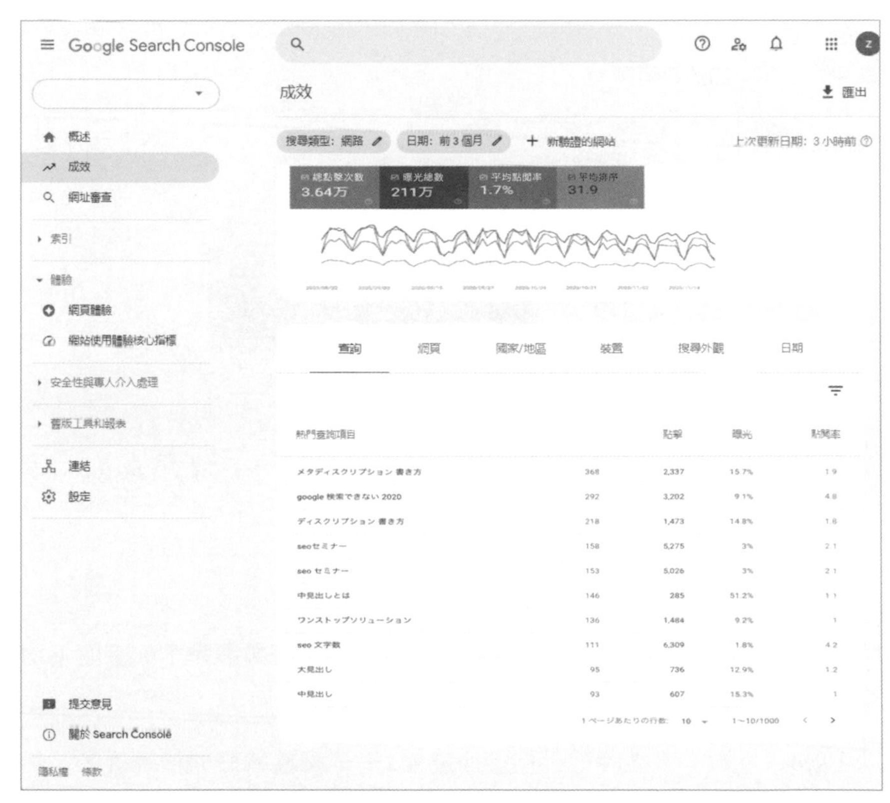

# 3 改善「CTR」的方法 ① 改善標題

其中一種有效改善文章搜尋成效的方法，是改善 CRT（點閱率）較差的文章網頁。

通常文章網頁的搜尋排名越高，CTR 就越高，這是因為搜尋用戶更有機會看到這篇文章。

不過，有些文章即使搜尋排名很高，CTR 卻異常的低，而背後的原因幾乎都是由於顯示在搜尋結果頁面的標題訴求不夠明確。

想要找出訴求不夠明確的網頁，請只點選成效頁面上方的「平均點閱率」與「平均排序」。

● 平均點閱率的資料範例

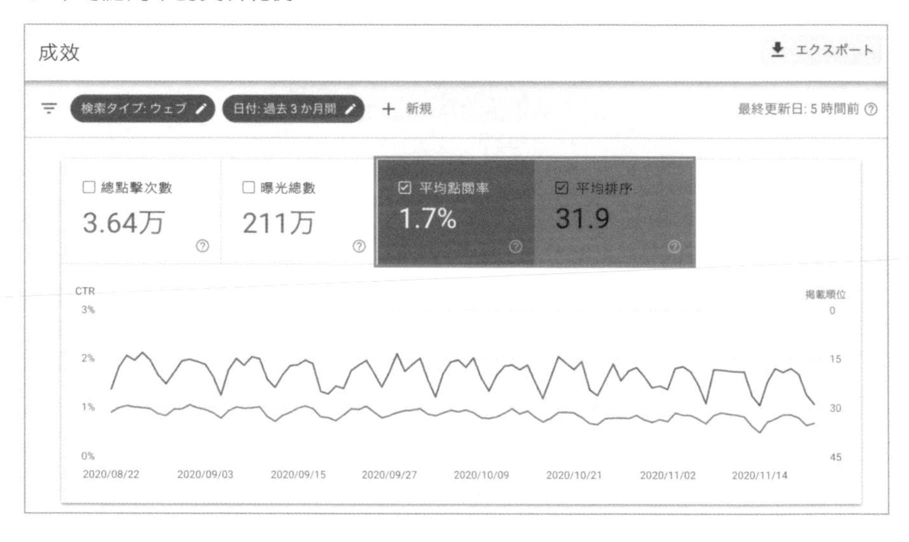


接下來將畫面往下拉，就會只顯示出各個搜尋（搜尋關鍵字）下的平均點閱率與平均排序。

以「seo　字數」來搜尋的平均排序為 4.2，是屬於較好的搜尋排名，然而平均點閱率卻相當低，只有 1.8%（請參考下一頁的圖）。

● 只顯示各個搜尋關鍵字之下的平均點閱率與平均排序資料

検索パフォーマンス　エクスポート

検索タイプ: ウェブ　日付: 過去 3 か月間　＋ 新規　最終更新日: 5 時間前

| 検索キーワード | CTR | 掲載順位 |
|---|---|---|
| メタディスクリプション 書き方 | 15.7% | 1.9 |
| google 検索できない 2020 | 9.1% | 4.8 |
| ディスクリプション 書き方 | 14.8% | 1.8 |
| seoセミナー | 3% | 2.1 |
| seo セミナー | 3% | 2.1 |
| 中見出しとは | 51.2% | 1.1 |
| ワンストップソリューション | 9.2% | 1 |
| seo 字數 | 1.8% | 4.2 |
| 大見出し | 12.9% | 1.2 |

實際搜尋「seo 字數」之後，出現在搜尋結果第四筆的就是筆者所寫的文章，標題是「【SEO 與字數的關聯性】為什麼網頁的字數少且畫面簡單也可以有好的搜尋排名？」。

● 搜尋「seo　字數」的搜尋結果頁面

ds-b.jp › トップページ › SEO（検索エンジン最適化）
SEOと文字数の関係とは｜文章をしっかり書けば検索順位が ...
SEOで成功したい人は文字数が多く内容の濃いページを作りましょう。文章がしっかり書かれているページは検索エンジンの評価が高くなり、上位を獲得できる可能性が高くなります。なぜ文字数が多いページはSEOに有利なのか、具体的に ...

emma.tools › ホーム › SEO
【2020年最新】文字数とSEO対策の関係とは？おすすめの ...
2020/09/28 — SEOと文字数の関係については、多くのブログやサイトで議論がかわされており、専門家でも最も意見が分かれるトピックの1つです。当ページでは、海外の有名ブログが行った研究や自社でオウンドメディアを運営している ...

seolaboratory.jp › SEO › SEO対策 › SEO基礎知識
SEOと文字数の関係について｜SEOラボ
2020/03/24 — SEOにおいて文字数は、直接検索順位に影響しません。もう少し言うと、コンテンツ（ブログ記事）の文字数が多かったり、少ないというだけで、Googleに評価されて上位化もしくは順位下落には至らないということです。
SEOと文字数の関係について · 文字数が多いことによる ... · 網羅性の高いコンテンツ ...

www.web-planners.net › blog › archives
【SEO 與字數的關聯性】為什麼網頁的字數少且畫面簡單也可以有好的搜尋排名？
點閱率較低時，比較其他文章標題與自己的文章標題，調整標題讓標題有更明確的訴求，是相當有效果的。

關於訴求明確的標題，請參考第 4 課的 04「思考能夠吸引讀者注意的標題」（第 160 頁）。

## 4 改善「CTR」的方法 ②<br>將網頁內容更新為最新資料

還有一個改善點閱率的方法，就是「**將網頁內容更新為最新資料**」。

剛才在搜尋結果的頁面中，「【SEO 與字數的關聯性】為什麼網頁的字數少且畫面簡單也可以有好的搜尋排名？」這篇文章的網頁摘要（snippet）寫有「2017/11/11」，這是 Google 第一次為網頁建立索引的日期，距離現在（2020 年 ）約是三年前。

比起舊的文章，Google 更傾向於顯示新文章的搜尋結果給搜尋用戶，這是因為搜尋用戶經常都在尋找最新的資訊。

在這個機制之下，透過更新文章中的圖片，或是新增、改寫內容等方式，就可以有效因應。

這麼一來，下次爬蟲前來收集資料時就會將網頁日期更改為最新日期，而搜尋用戶更傾向於點擊造訪含有新資訊的網頁。

## 5 搜尋排名的改善方法

要改善平均排序，就要將使用本書介紹的 SEO 技巧所寫的部落格文章再進一步優化。

### 盡快上傳文章，之後再逐步改善

部落格文章絕對不是寫好後就完成，寫文章時，為了盡快傳遞訊息給讀者，速度是一大關鍵。因此，不要想著第一次就完美地使用強大 SEO

技巧來寫出文章，要評估投入時間與品質間的平衡，盡可能早一點上傳文章。

文章上傳後，就前往 Google Search Console 的成效頁面查看搜尋排名，如果排名不如預期，就使用本書所介紹的 SEO 技巧來改善文章。

### 增加網站內相似主題的網頁

如果還是不能進入搜尋排名的前十名，甚至進不了二十名的時候，就可以推測只有這篇文章效果是有限的。

這時候我們可以對該篇文章內的重要項目另外建立一篇寫有詳細內容的頁面，在文章中以提供相關參考資訊的方式建立醒目的站內連結，藉此提升訪客互動。

如果在某個關鍵字（假設是「A」）之下無法提升排名，而介紹 A 的頁面中也有介紹 A-1，那麼就另外寫一篇只以 A-1 為主題的文章，接下來再繼續寫以 A-2 為主題的文章、以 A-3 為主題的文章，讓與 A 相關的文章越來越豐富。舉例來說，就像一開始在部落格上傳了「SEO」的相關說明，接下來又分別建立了介紹「手機 SEO」、「部落格 SEO」、「影片 SEO」等主題的網頁一樣。

這樣一來，Google 就會認為你的部落格對於 A 有相當詳細的介紹，有提升排名的價值，雖然會花點時間，不過在 A 的關鍵字之下文章的排名將更容易提升。

## 6　查看反向連結的狀態

這麼做之後如果還是無法提升排名，就代表「**部落格的反向連結**」不夠。查看反向連結的狀態時，要點擊 Google Search Console 畫面左側選單的「連結」，接著按下畫面右上方的「匯出外部連結」後會出現下拉式選單，這時候請選擇「最新連結」。

● Google Search Console 左側選單的「連結」

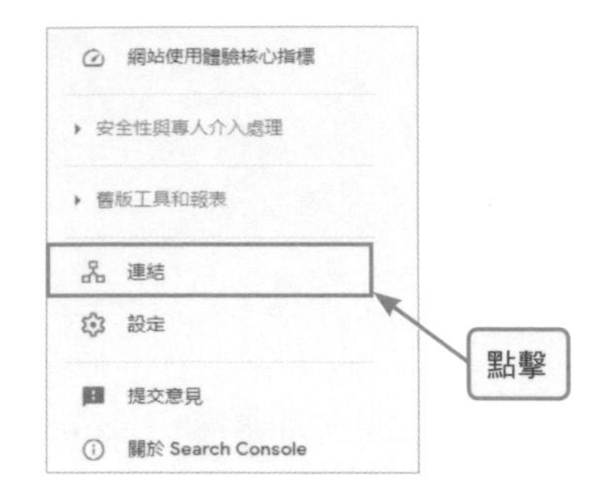


● 從連結畫面右上方的「匯出外部連結」選擇「最新連結」

選擇之後，就可以將所有建立反向連結指向自己部落格的網頁列出並查看（請參考下一頁的圖）。

這裡所列出的網站與部落格都是因為肯定你到目前所付出的努力，因此特別貼上連結介紹你的網站。換句話說，**這些都代表著你的「信用」資產**。想要建立這份信用，請務必盡全力寫出對讀者有幫助的部落格文章。

部落格的經營並無法馬上看出成果，必須下定決心持續寫作，一般來說需要一年，最快也要半年，才能有比較具體的感受，原因就如同本書最開始所提到的，因為網路上有數不盡的部落格文章，而且每天都有新的文章持續產生。

不過，具有信用的部落格經營者所寫的文章，一定可以獲得 Google 的良好評價，**搜尋排名就相當於信用的排名**，Google 持續都在尋找寫出文章可信度高，可以信賴的部落格經營者。

希望本書讀者都能在不遠的未來寫出許多可信度高的部落格文章，累積自己的信用資產。

● 近期建立有反向連結的網站一覽表

https://www.web-planners.net/-Latest links-2020-11-23

File Edit View Insert Format Data Tools Add-ons Help Last edit was seconds ago

100% $ % .0 .00 123 Default (Arl... 10 B I S A

fx

| | A | B | C |
|---|---|---|---|
| 1 | 建立有反向連結的網頁 | 前回のクロール | |
| 2 | http://blog.livedoor.jp/cjnakajima/archives/2008-09.html | 2020-11-16 | |
| 3 | http://blog.livedoor.jp/cjnakajima/archives/50055674.html | 2020-11-16 | |
| 4 | https://www.rbbtoday.com/release/prtimes2-today/20191024/440005.html | 2020-11-15 | |
| 5 | https://www.topsalesman.net/press/index.php?id=159828 | 2020-11-14 | |
| 6 | http://180.131.143.247/news/id_000000081.000024640.html | 2020-11-14 | |
| 7 | https://www.rbbtoday.com/release/prtimes2-today/20200221/482665.html | 2020-11-14 | |
| 8 | http://freelance-support.site/2020/11/12/seo-license/ | 2020-11-13 | |
| 9 | http://www.findglocal.com/JP/Minato-ku/587937121220955/リスティング広 | 2020-11-13 | |
| 10 | http://release.traicy.com/category/release/page/5848/ | 2020-11-12 | |
| 11 | http://blog.livedoor.jp/complex_shop/tag/洗顔フォーム | 2020-11-12 | |
| 12 | http://blog.livedoor.jp/complex_shop/?p=9 | 2020-11-11 | |
| 13 | https://www.oricon.co.jp/pressrelease/699491/ | 2020-11-11 | |
| 14 | http://blog.livedoor.jp/complex_shop/lite/?p=9 | 2020-11-11 | |
| 15 | https://www.youtube.com/watch?v=WFlkRvuUHrk | 2020-11-09 | |
| 16 | http://ww.seotools.jp/news/id_000000090.000024640.html | 2020-11-08 | |
| 17 | https://www.youtube.com/watch?v=MJTXd942t3Y | 2020-11-08 | |
| 18 | https://b.hatena.ne.jp/search/tag?q=%E3%82%A4%E3%83%B3%E3%83% | 2020-11-08 | |
| 19 | http://release.traicy.com/category/release/page/5830/ | 2020-11-08 | |
| 20 | https://sem-listing.xyz/exam/6015/ | 2020-11-08 | |
| 21 | http://blog.livedoor.jp/complex_shop/archives/769128.html | 2020-11-08 | |
| 22 | https://b.hatena.ne.jp/rikochanhayatokun/web制作/Web制作/ | 2020-11-07 | |
| 23 | https://www.youtube.com/redirect?event=channel_banner&redir_token=QU | 2020-11-07 | |
| 24 | http://www.dir.seotools.jp/news/id_000000004.000024640.html | 2020-11-06 | |

## 重點整理

- Google Search Console 是可以用來確認網站狀態的工具。
- 可以用來找出 CRT 較低的網頁，以及查看有哪些網頁對自己的網站建立反向連結。
- 文章要盡早上傳，之後再著手改善。
- 反向連結證明了部落格的可信度，請把搜尋排名想成是信用的排名，持續努力吧！

# 第一次學 SEO 就上手

作　　者：鈴木將司
譯　　者：何蟬秀
企劃編輯：莊吳行世
文字編輯：詹祐甯
設計裝幀：張寶莉
發 行 人：廖文良

發 行 所：碁峰資訊股份有限公司
地　　址：台北市南港區三重路 66 號 7 樓之 6
電　　話：(02)2788-2408
傳　　真：(02)8192-4433
網　　站：www.gotop.com.tw
書　　號：ACN036900
版　　次：2022 年 01 月初版
建議售價：NT$450



國家圖書館出版品預行編目資料

第一次學 SEO 就上手 / 鈴木將司原著；何蟬秀譯. -- 初版. -- 臺北市：碁峰資訊, 2022.01
面；　公分
ISBN 978-626-324-039-1(平裝)
1.網路行銷　2.搜尋引擎　3.網站
496　　110020018

讀者服務

- 感謝您購買碁峰圖書，如果您對本書的內容或表達上有不清楚的地方或其他建議，請至碁峰網站：「聯絡我們」\「圖書問題」留下您所購買之書籍及問題。(請註明購買書籍之書號及書名，以及問題頁數，以便能儘快為您處理)
  http://www.gotop.com.tw
- 售後服務僅限書籍本身內容，若是軟、硬體問題，請您直接與軟、硬體廠商聯絡。
- 若於購買書籍後發現有破損、缺頁、裝訂錯誤之問題，請直接將書寄回更換，並註明您的姓名、連絡電話及地址，將有專人與您連絡補寄商品。